建筑工人职业技能培训教材

# 砌 筑 工

## （第二版）

住房和城乡建设部干部学院　主编

U0351096

华中科技大学出版社

中国·武汉

**图书在版编目(CIP)数据**

砌筑工/住房和城乡建设部干部学院主编. —2 版. —武汉:华中科技大学出版社,2017.5
建筑工人职业技能培训教材. 建筑工程施工系列
ISBN 978-7-5680-2385-6

Ⅰ.①砌… Ⅱ.①住… Ⅲ.①砌筑—技术培训—教材 Ⅳ.①TU754.1

中国版本图书馆 CIP 数据核字(2016)第 287326 号

砌筑工(第二版)　　　　　　　住房和城乡建设部干部学院　主编

Qizhugong(Di-er Ban)

策划编辑:金　紫
责任编辑:曾仁高
封面设计:原色设计
责任校对:张会军
责任监印:张贵君
出版发行:华中科技大学出版社(中国·武汉)　　电话:(027)81321913
　　　　　武汉市东湖新技术开发区华工科技园　邮编:430223
录　　排:京赢环球(北京)传媒广告有限公司
印　　刷:武汉华工鑫宏印务有限公司
开　　本:880mm×1230mm　1/32
印　　张:6.5
字　　数:197 千字
版　　次:2018 年 6 月第 2 版第 2 次印刷
定　　价:19.80 元

# 编审委员会

**主编单位:**住房和城乡建设部干部学院

# 内 容 提 要

本书依据《建筑工程施工职业技能标准》(JGJ/T 314—2016)的要求,结合在建筑工程中实际的操作应用,重点涵盖了砌筑工必须掌握的"基础理论知识""安全生产知识""现场施工操作技能知识"等。

本书主要内容包括砌筑工识图知识,砌筑工程材料,砌筑施工常用工具、机械,砌筑施工操作方法,砌筑工程施工管理知识,基础砌筑,砖砌体砌筑,混凝土砌块砌筑,石砌体砌筑,小型构筑物砌筑,地面砖及石村路面铺砌,砌筑工程冬雨期施工。

本书可作为四级、五级砌筑工的技能培训教材,也可在上岗前安全培训,以及岗位操作和自学参考中应用。

# 前　言

2016 年 3 月 5 日,"工匠精神"首次写入了国务院《政府工作报告》,这也对包括建设领域千千万万的产业工人在内的工匠,赋予了强烈的时代感,提出了更高的素质要求。建筑工人是工程建设领域的主力军,是工程质量安全的基本保障。加快培养大批高素质建筑业技术技能型人才和新型产业工人,对推动社会经济、行业技术发展都有着深远意义。

根据《住房城乡建设部关于加强建筑工人职业培训工作的指导意见》[建人(2015)43 号]、《住房城乡建设部办公厅关于建筑工人职业培训合格证有关事项的通知》[建办人(2015)34 号]等文件的要求,以及2016 年 10 月 1 日起正式实施的国家行业标准《建筑工程施工职业技能标准》(JGJ/T 314—2016)、《建筑装饰装修职业技能标准》(JGJ/T 315—2016)、《建筑工程安装职业技能标准》(JGJ/T 306—2016)(以下统称"职业技能标准")的具体规定,为做到"到 2020 年,实现全行业建筑工人全员培训、持证上岗",更好地贯彻落实国家及行业主管部门相关文件精神和要求,全面做好建筑工人职业技能教育培训,由住房和城乡建设部干部学院及相关施工企业、培训单位等,组织了建设行业的专家学者、培训讲师、一线工程技术人员及具有丰富施工操作经验的工人和技师等,共同编写这套建筑工人职业技能培训教材。

本套丛书依据"职业技能标准"要求,以实现全面提高建设领域职工队伍整体素质,加快培养具有熟练操作技能的技术工人,尤其是加快提高建筑工人职业技能水平,保证建筑工程质量和安全,促进广大建筑工人就业为目标,以建筑工人必须掌握的"基础理论知识""安全生产知识""现场施工操作技能知识"等为核心进行编制,量身订制并打造了一套适合不同文化层次的技术工人和读者需求的技能培训教材。

本套丛书系统、全面,技术新、内容实用,文字通俗易懂,语言生动简洁,辅以大量直观的图表,非常适合不同层次水平、不同年龄的建筑工人在职业技能培训和实际施工操作中应用。

本套丛书按照"职业技能标准"划分为"建筑工程施工""建筑装饰装修""建筑工程安装"3 大系列,并配以《建筑工人安全操作知识读本》,共 22 个分册。

(1)"建筑工程施工"系列包括《钢筋工》《砌筑工》《防水工》《抹灰工》《混凝土工》《木工》《油漆工》《架子工》和《测量放线工》9 个分册,与《建筑工程施工职业技能标准》(JGJ/T 314—2016)划分的建筑施工工种相对应。

(2)"建筑装饰装修"系列包括《镶贴工》《装饰装修木工》《金属工》《涂裱工》《幕墙制作工》和《幕墙安装工》6 个分册,与《建筑装饰装修职业技能标准》(JGJ/T 315—2016)划分的装饰装修工种相对应。

(3)"建筑工程安装"系列包括《电焊工》《电气设备安装调试工》《安装钳工》《安装起重工》《管道工》《通风工》6 个分册,与《建筑工程安装职业技能标准》(JGJ/T 306—2016)划分的建筑安装工种相对应。

由于时间限制,以及编者水平有限,本书难免有疏漏之处,欢迎广大读者批评指正,以便本丛书再版时修订。

编　者

2017 年 2 月　北京

# 目　录

下篇 砌筑工岗位操作技能

# 导　言

依据《建筑工程施工职业技能标准》(JGJ/T 314—2016)规定,建筑工程施工职业技能等级由低到高分为职业技能五级、职业技能四级、职业技能三级、职业技能二级和职业技能一级,分别对应"初级工""中级工""高级工""技师"和"高级技师"。

按照建筑工人职业技能培训考核规定,在取得本职业职业技能五级证书后方可申报考核四级证书,结合建筑工程现场施工的实际情况以及建筑工人文化水平层次不同、技能水平差异等,本书重点涵盖了职业技能五级(初级工)、职业技能四级(中级工)和职业技能三级(高级工,安全及现场操作技能部分)应掌握的知识内容,以更好地适合职业培训需要,也可作为建筑工人现场施工应用的技术手册。

1.四级、五级砌筑工职业技能模块划分及要求

(1)职业技能模块划分。

"职业技能标准"中,把职业技能分为安全生产知识、理论知识、操作技能三个模块,分别包括下列内容。

1)安全生产知识:安全基础知识、施工现场安全操作知识两部分内容。

2)理论知识:基础知识、专业知识和相关知识三部分内容。

3)操作技能:基本操作技能、工具设备的使用与维护、创新和指导三部分内容。

(2)职业技能基本要求。

1)职业技能五级:能运用基本技能独立完成本职业的常规工作;能识别常见的建筑工程施工材料;能操作简单的机械设备并进行例行保养。

2)职业技能四级:能熟练运用基本技能独立完成本职业的常规工作;能运用专门技能独立或与他人合作完成技术较为复杂的工作;能区分常见的建筑工程施工材料;能操作常用的机械设备并进行一般的维修。

2. 五级砌筑工职业要求和职业技能

(1)五级砌筑工职业要求,见表0-1。

表 0-1 职业技能五级砌筑工职业要求

| 项次 | 分 类 | 专 业 知 识 |
|---|---|---|
| 1 | 安全生产知识 | (1)掌握工器具的安全使用方法;<br>(2)熟悉劳动防护用品的功用;<br>(3)了解安全生产基本法律法规 |
| 2 | 理论知识 | (4)熟悉本工种的操作规程以及气候对施工影响的基础知识;<br>(5)熟悉常用工具、量具名称,了解其功能和用途;<br>(6)熟悉各种砌体的砌筑方法和质量要求,熟悉挂瓦的基本方法及要求;<br>(7)了解一般建筑工程施工图的识读知识;<br>(8)了解一般建筑结构;<br>(9)了解常用砌筑材料、胶结材料(包括细骨料)和屋面材料的种类、规格、质量、性能、使用知识及砌筑砂浆的配合比 |
| 3 | 操作技能 | (10)熟练使用常用砌筑工具、辅助工具;<br>(11)熟练使用劳防用品进行简单的劳动防护;<br>(12)会组砌常见砌体、砌、摆一般砖基础,立皮数杆复核标高;<br>(13)会砌清水墙、砌块墙、混水平旋、钢筋砖过梁及安放小型构件并勾抹墙缝;<br>(14)会铺砌地面砖、街面砖、窨井、下水道等,挂、铺坡屋面瓦 |

(2)五级砌筑工职业技能,见表0-2。

表 0-2 职业技能五级砌筑工技能要求

| 项次 | 项 目 | 范 围 | 内 容 |
|---|---|---|---|
| 安全生产知识 | 安全基础知识 | 法规与安全常识 | (1)安全生产的基本法规及安全常识 |
| | 施工现场安全操作知识 | 安全生产 | (2)劳动防护用品、工器具的正确使用 |
| | | 操作流程 | (3)安全生产操作规程 |
| 理论知识 | 基础知识 | 识图 | (4)建筑施工平面图、立面图、剖面图、详图的基本内容;<br>(5)施工图中的轴线、标高部位、尺寸线;<br>(6)一般构造和配件图例、构件代号、符号 |

续表

| 项次 | 项目 | 范围 | 内 容 |
|------|------|------|-------|
| 理论知识 | 基础知识 | 房屋构造 | (7)民用房屋建筑的构部件组成及作用;<br>(8)单层工业厂房的构部件组成及作用;<br>(9)房屋建筑按使用性质、承重结构材料和结构构造形式等分类;<br>(10)建筑物的耐久性和耐火等级 |
| | 专业知识 | 材料及工具设备 | (11)常用砌筑材料、胶结材料的种类、规格、质量、性能及使用方法;<br>(12)常用屋面材料的品种规格质量性能及使用方法;<br>(13)各种砌筑砂浆的配合比、技术性能、使用部位和方法;<br>(14)按季节和工艺要求掺添加剂的一般规定,调制、搅拌的方法和要求;<br>(15)常用砌筑、铺设等工具的种类、性能及使用;<br>(16)常用砌筑设备的性能、使用和维护方法 |
| | | 砌筑技术 | (17)各种砖墙、空心砖墙、空斗墙、砌块墙的组砌方法与原则;<br>(18)等高式大放脚和间隔式大放脚的摆砖方法和原则;<br>(19)各种墙角平旋、拱旋、封山、出檐及腰线的砌筑方法;<br>(20)各种墙体的连接、留接槎及加筋部位的留置方法和要求;<br>(21)砌筑毛石墙毛勾嵌缝的方法;<br>(22)砌筑检查井、窖井、化粪池,铺设下水道管的施工方法;<br>(23)挂坡屋面材料的施工方法和要求 |
| | | 质量标准 | (24)各种砌体的质量验收标准和验收方法;<br>(25)坡屋面挂瓦质量标准和验收方法;<br>(26)下水道铺设质量要求和验收标准;<br>(27)化粪池铺砌的质量要求和验收标准 |
| | 相关知识 | 季节性施工 | (28)雨期施工常识及防范措施;<br>(29)夏期施工常识及防范措施;<br>(30)冬期施工常识及防范措施 |

| 项次 | 项目 | 范围 | 内　容 |
|---|---|---|---|
| 操作技能 | 基本操作技能 | 砌筑、铺盖瓦的基本操作 | (31)瓦刀披灰砌筑法；<br>(32)摊铺灰砌筑法；<br>(33)大铲刨锛铺灰砌筑法；<br>(34)"三一"砌筑法；<br>(35)"二三八一"操作法；<br>(36)铺挂瓦操作法和砍、锯瓦操作技法 |
| | | 砌筑基础大放脚 | (37)砌筑的操作工艺顺序；<br>(38)砌筑的操作工艺要点；<br>(39)常用几种大放脚的摆砖；<br>(40)砌筑的质量标准和验收标准 |
| | | 砌清水墙、垛、门窗垛、封山、出檐及腰线，混水墙、砌块墙、混水平旋、拱旋、钢筋砖过梁 | (41)砌筑的操作工艺顺序；<br>(42)砌筑的操作工艺要点；<br>(43)实心墙、空心墙、砌块墙的组砌方法；<br>(44)平旋、钢筋砖过梁的操作要点；<br>(45)清水墙勾缝的操作要点；<br>(46)按皮数杆预留洞槽和配合立门窗框操作方法 |
| | | 砌毛石墙(不包括角) | (47)砌筑工艺顺序；<br>(48)砌筑的操作工艺要点；<br>(49)勾缝的操作要点 |
| | | 铺砌地面、路面砖石 | (50)铺砌的操作工艺顺序；<br>(51)铺砌的操作工艺要点 |
| | | 挂盖坡屋面瓦 | (52)挂盖的操作工艺顺序；<br>(53)挂盖的操作工艺要点；<br>(54)做脊、天沟、斜沟、泛水和老虎窗操作工艺要点 |
| | | 铺设下水道支、干管 | (55)砌筑检查井、窨井、化粪池的工艺顺序和操作要点；<br>(56)铺设下水道支、干管及下水道闭水试验的方法 |
| | | 砌筑一般家用炉灶 | (57)一般家用炉灶的构造；<br>(58)砌筑操作工艺顺序；<br>(59)砌筑的操作工艺要点 |
| | | 质量标准 | (60)本工种质量验收标准；<br>(61)进行质量自检，并填写验收单(检验批) |

续表

| 项次 | 项 目 | 范 围 | 内 容 |
|---|---|---|---|
| 操作技能 | 工具设备的使用与维护 | 常用检测工具 | (62)托线板、线锤、钢卷尺的使用方法；<br>(63)水平尺、阴阳角方尺的检测使用方法；<br>(64)塞尺、百格网的使用 |
| | | 常用砌筑工具 | (65)瓦刀、大铲、刨锛、锯割的使用；<br>(66)斩斧、勾缝刀、抿子的使用 |
| | | 常用机具 | (67)砂浆搅拌机操作基本要求；<br>(68)井架、卷扬机使用的基本要求 |

## 3.四级砌筑工职业要求和职业技能

(1)四级砌筑工职业要求,见表0-3。

表 0-3　　　　　　　职业技能四级砌筑工职业要求

| 项次 | 分 类 | 专 业 知 识 |
|---|---|---|
| 1 | 安全生产知识 | (1)掌握本工种安全生产操作规程；<br>(2)熟悉安全生产基本常识及常见安全生产防护设施的功用；<br>(3)了解安全生产基本法律法规 |
| 2 | 理论知识 | (4)掌握挂瓦的基本方法及常见屋面施工的基本要求；<br>(5)熟悉本工种的操作规程、施工验收规范以及冬期、夏期、雨期施工的有关知识；<br>(6)熟悉砌筑、铺设工具、设备的性能、使用及维护；<br>(7)熟悉烟囱、通风孔、管沟、梁洞、通道等的留孔、留槽及安放小型构件的方法；<br>(8)熟悉砌筑检查井、窨井、化粪池、铺设下水道、干管及下水道闭水试验的方法；<br>(9)了解制图基本知识及基本建筑结构构造,并掌握砖石结构知识；<br>(10)了解常用砌筑砂浆的技术性能、使用部位、掺添加剂的一般规定和调制知识；<br>(11)了解施工测量和放线的方法,掌握砌筑材料、胶结材料和屋面材料的技术指标和材料主要配合比 |

| 项次 | 分类 | 专 业 知 识 |
|------|------|------|
| 3 | 操作技能 | (12)能够按图砌筑各种砖体、石基础,掌握组砌常见砌体的放脚、摆底;<br>(13)能够在作业中实施安全操作;<br>(14)能够进行清水墙的各种勾缝、嵌缝、弹线、开补;<br>(15)能够砌筑一般家用炉灶、附墙烟囱,各种道砖、地面砖、石材和乱石路面等材料的铺砌,挂铺筒瓦、中瓦、平瓦屋面及斜沟、正脊、垂脊饰;<br>(16)会按图计算工料,并会使用简单的检测工具;<br>(17)会按标志砍、磨各种砖块,砌清水墙、清水方柱、拱旋、腰线、多角形墙柱、混水圆柱、普通花窗、栏杆等砌体。并会砌毛石墙角和各种预制砌块及拉结立门、窗框 |

(2)四级砌筑工职业技能,见表 0-4。

表 0-4　　　　　　　　　　职业技能四级砌筑工技能要求

| 项次 | 项目 | 范围 | 内　容 |
|------|------|------|------|
| 安全生产知识 | 安全基础知识 | 法规与安全常识 | (1)安全生产的基本法规及安全常识 |
| | 施工现场安全操作知识 | 安全操作 | (2)安全生产操作规程 |
| | | 文明施工 | (3)工完料清,文明施工 |
| 理论知识 | 基础知识 | 绘制简单工程施工翻样图 | (4)国家制图标准;<br>(5)绘制简单的翻样图 |
| | | 看懂较复杂的施工图 | (6)看施工图的步骤及顺序;<br>(7)较复杂的施工图 |
| | | 建筑力学 | (8)建筑力学在建筑上的作用;<br>(9)砌体在房屋建筑中受力(抗压、拉、剪切力)的情况;<br>(10)柱、梁、墙的受力状况 |
| | | 砖石结构和抗震构造 | (11)荷载类型及安全等级;<br>(12)构造柱和圈梁的构造要求;<br>(13)房屋建筑抗震的原则和措施 |

续表

| 项次 | 项目 | 范围 | 内容 |
|------|------|------|------|
| 理论知识 | 基础知识 | 砌筑材料、胶结材料、屋面材料 | (14)砌筑材料、胶结材料的种类、规格、质量、性能及使用方法；<br>(15)屋面材料的品种、规格、质量、性能及使用方法；<br>(16)各种砌筑砂浆的配合比、技术性能、使用部位和方法；<br>(17)按季节和工艺要求掺添加剂的一般规定，调制、搅拌的方法和要求；<br>(18)各种砂浆配合比计算；<br>(19)常用化粪池、窨井、排水管道的规格尺寸种类和用途 |
| | 专业知识 | 施工测量和放线 | (20)水准仪、经纬仪的使用方法；<br>(21)建筑物定位放线的基本知识；<br>(22)检查定位放线和按线施工的方法 |
| | | 复杂砌体砌筑 | (23)复杂砌体基础大放脚摆底；<br>(24)毛石基础大放脚摆底；<br>(25)各种多向砖砌体组砌搭接摆底；<br>(26)各种砖砌体搭接错缝留搓的规范质量要求；<br>(27)砖基础砌筑的规范质量要求 |
| | | 砖的放样和加工 | (28)根据图纸要求对异形砖石砌体放大样；<br>(29)异形砖的加工方法 |
| | | 按图计算工料 | (30)看懂定额中砖瓦部分的工料内容；<br>(31)每立方米砌筑所需人工材料和机械等费用；<br>(32)按图纸算出一般简单的砖砌体工程用工用料 |
| | | 质量标准 | (33)砌筑的技术质量标准及验收的要求 |
| | 相关知识 | 季节施工 | (34)冬期、雨期的施工规范要求；<br>(35)夏期和台风季节施工要求 |
| | | 施工方案 | (36)施工方案的内容；<br>(37)建筑工程施工流程；<br>(38)简单砖砌体结构的施工方案要求 |
| | | 班组管理 | (39)班组管理的内容和范围；<br>(40)班组生产计划安排和工程进度管理；<br>(41)班组施工工具和机具工程质量管理；<br>(42)材料，工，机具，定额管理 |

| 项次 | 项目 | 范围 | 内容 |
|---|---|---|---|
| 操作技能 | 基本操作技能 | 砌筑各种砖石基础大放脚撂底 | (43)各种砖基础大放脚撂底的工艺顺序和操作要点;<br>(44)毛石基础大放脚摆放的施工要点 |
| | | 砌6m以上清水墙角、清水方柱、多角形墙、混水圆柱、清水窗盘、腰线、彩牌、平旋、拱旋 | (45)工艺顺序;<br>(46)操作要点;<br>(47)独立完成各类砌体施工 |
| | | 砌筑空斗墙、空心砖墙、毛石墙角、各种砌块、立门、窗框 | (48)工艺顺序;<br>(49)操作要点;<br>(50)砌各种空心砖墙、砌块墙、立门窗框施工方法 |
| | | 异形砖的加工及清水墙勾缝 | (51)工艺顺序;<br>(52)操作要点;<br>(53)砍磨各种砖块;<br>(54)清水墙勾缝修补、开缝做假清水墙的施工方法 |
| | | 铺挂中瓦筒瓦屋面、正脊、垂脊、戗脊 | (55)工艺顺序;<br>(56)操作要点;<br>(57)铺筒瓦挂瓦、屋面正脊、垂脊戗脊的施工方法 |
| | | 铺砌地面砖和乱石路面 | (58)工艺顺序;<br>(59)操作要点;<br>(60)按设计要求和施工要求独立完成铺砌地面砖或乱石路面 |
| | | 砌筑家用炉灶 | (61)工艺顺序;<br>(62)操作要点;<br>(63)独立完成砌筑家用炉灶 |
| | | 铺砌化粪池、窨井、下水道管排放 | (64)工艺顺序;<br>(65)操作要点;<br>(66)独立组织完成铺砌化粪池、窨井、排放下水道管 |
| | | 质量标准 | (67)各种砖石基础大放脚施工的质量标准;<br>(68)相应操作的质量标准和规范要求 |
| | | 常用检测工具及测量器具 | (69)2m托线板、线锤、钢卷尺、塞尺、百格网、绑准线的使用方法;<br>(70)水准仪、经纬仪的水平和垂直测量方法 |

续表

| 项次 | 项 目 | 范 围 | 内 容 |
|---|---|---|---|
| 操作技能 | 工具设备的使用与维护 | 特殊工具 | (71)红外水平仪(电子水平尺)、水平尺的使用方法；<br>(72)大线锤、引尺架、坡度量尺、方尺的使用方法 |
| | | 机具 | (73)砂浆滚动性测定仪的使用方法；<br>(74)万能压力机的测试方法 |

　　本书根据"职业技能标准"中关于砌筑工职业技能五级(初级工)、职业技能四级(中级工)和职业技能三级(高级工,安全及现场操作技能部分)的职业要求和技能要求编写,理论知识以易懂够用为准绳,重点突出既能满足职业技能培训需要,也能满足现场施工实际操作应用,提高工人操作技能水平的作用,也可供职业技能二级、一级的人员(技师及高级技师)参考应用。

# 上篇 砌筑工岗位基础知识

# 第一章　砌筑工识图知识

## 第一节　建筑识图基本方法

### 一、施工图分类和作用

1. 施工图的产生

一项建筑工程项目从制订计划到最终建成,须经过一系列的过程,房屋的设计是其中一个重要环节。通过设计,最终形成施工图,作为指导房屋建设施工的依据。房屋的设计工作分为初步设计、施工图设计、技术设计三个阶段。对于大型、较为复杂的工程,设计时采用三个阶段进行;一般工程的设计则常按初步设计和施工图设计两个阶段进行。

(1)初步设计。

当确定建造一幢房屋后,设计人员根据建设单位的要求,通过调查研究、收集资料、反复综合构思,做出的方案图,即为初步设计。内容包括建筑物的各层平面布置、立面及剖面形式、主要尺寸及标高、设计说明和有关经济指标等。初步设计应报有关部门审批。对于重要的建筑工程,应多做几个方案,并绘制透视图,加以色彩,以便建设单位及有关部门进行比较和选择。

(2)施工图设计。

在已批准的初步设计基础上,为满足施工的具体要求,分建筑、结构、采暖、给排水、电气等专业进行深入细致的设计,完成一套完整的反映建筑物整体及各细部构造、结构和设备的图样以及有关的技术资料,即为施工图设计,产生的全部图样称为施工图。

(3)技术设计。

技术设计是对重大项目和特殊项目为进一步解决某些具体技术问题,或确定某些技术方案而进行的设计。具体地说,它是为进一步确定初步设计中所采用的工艺流程和建筑、结构上的主要技术问题,校正设备选择、建设规模及一些技术经济指标而对建设项目增加的一个设计阶段。有时可将技术设计的一部分工作纳入初步设计阶段,称为扩大初步设计,简称"扩初",另一部分工作则留待施工图设计阶段进行。

2.建筑工程施工图分类

(1)建筑施工图的基本要求。

建筑工程施工图是一种能够准确表达建筑物的外形轮廓、大小尺寸,结构形式、构造方法和材料做法的图样,是沟通设计和施工的桥梁。施工图是设计单位最终的"技术产品",施工图设计的最终文件应满足四项要求:

1)能据以编制施工图预算;

2)能据以安排材料、设备订货和非标准设备的制作;

3)能据以进行施工和安装;

4)能据以进行工程验收。施工图是进行建筑施工的依据,设计单位对建设项目建成后的质量及效果,负有相应的技术与法律责任。

因此,常说"必须按图施工"。即使是在建筑物竣工投入使用后,施工图也是对该建筑进行维护、修缮、更新、改建、扩建的基础资料。特别是一旦发生质量或使用事故,施工图则是判断技术与法律责任的主要依据。

(2)施工图的分类。

施工图纸一般按专业进行分类,分为建筑、结构、设备(给排水、采暖通风、电气)等几类,分别简称为"建施""结施""设施"("水施""暖施""电施")。每一种图纸又分基本图和详图两部分。基本图表明全局性的内容,详图表明某一局部或某一构件的详细尺寸和材料做法等。

1)建筑施工图(简称"建施"):主要说明建筑物的总体布局、外部造型、内部布置、细部构造、装饰装修和施工要求等,其图纸主要包括总平面图、建筑平面图、建筑立面图、建筑剖面图、建筑详图等。

2)结构施工图(简称"结施"):主要说明建筑的结构设计内容,包括结构构造类型,结构的平面布置,构件的形状、大小、材料要求等,其图纸主要有结构平面布置图、构件详图等。

3)设备施工图(简称"设施"):包括给水、排水、采暖通风、电气照明等各种施工图,主要有平面布置图、系统图等。

3. 施工图的编排顺序

一套建筑施工图往往有几十张,甚至几百张,为了便于看图,便于查找,应当把这些图纸按顺序编排。

建筑施工图的一般编排顺序是:图纸目录、施工总说明、建筑施工图等。

各专业的施工图,应按图纸内容的主次关系进行排列。例如:基本图在前,详图在后;布置图在前,构件图在后;先施工的图在前,后施工的图在后等。

表1-1为施工图图纸目录,它是按照图纸的编排顺序将图纸统一编号,通常放在全套图纸的最前面。

表 1-1 　　　　　　　　×××工程施工图目录

| 序　　号 | 图　　号 | 图　　名 | 备　　注 |
|:---:|:---:|:---:|:---:|
| 1 | 总施-1 | 工程设计总说明 | |
| 2 | 总施-2 | 总平面图 | |
| 3 | 建施-1 | 首层平面图 | |
| 4 | 建施-2 | 二层平面图 | |
| ...... | | | |
| 13 | 结施-1 | 基础平面图 | |
| 14 | 结施-2 | 基础详图 | |
| ...... | | | |
| 21 | 水施-1 | 首层给排水平面图 | |
| ...... | | | |
| 28 | 暖施-1 | 首层采暖平面图 | |
| ...... | | | |
| 30 | 电施-1 | 首层电气平面图 | |
| 31 | 电施-2 | 二层电气平面图 | |
| ...... | | | |
| ...... | | | |

## 二、阅读施工图的基本方法

### 1. 读图应具备的基本知识

施工图是根据投影原理,用图纸来表明房屋建筑的设计和构造做法的。因此,要看懂施工图的内容,必须具备以下基本知识:

(1)应熟练掌握投影原理和建筑形体的各种表示方法;

(2)熟悉房屋建筑的基本构造;

(3)熟悉施工图中常用图例、符号、线型、尺寸和比例等的意义和有关国家标准的规定。

### 2. 阅读施工图的基本方法与步骤

要准确、快速地阅读施工图纸,除了要具备上面所说的基本知识外,还需掌握一定的方法和步骤。图纸的阅读可分三大步骤进行。

(1)第一步:按图纸编排顺序阅读。

通过对建筑的地点、建筑类型、建筑面积、层数等的了解,对该工程有一个初步的了解;

再看图纸目录,检查各类图纸是否齐全;了解所采用的标准图集的编号及编制单位,将图集准备齐全,以备查看;

然后按照图纸编排顺序,即建筑、结构、水、暖、电的顺序对工程图纸逐一进行阅读,以便对工程有一个概括、全面的了解。

(2)第二步:按工序先后,相关图纸对照读。

先从基础看起,根据基础了解基坑的深度,基础的选型、尺寸、轴线位置等,另外还应结合地质勘探图,了解土质情况,以便施工中核对土质构造,保证施工质量;然后按照基础—结构—建筑,并结合设备施工程序进行阅读。

(3)第三步:按工种分别细读。

由于施工过程中需要不同的工种完成不同的施工任务,所以为了全面准确地指导施工,考虑各工种的衔接以及工程质量和安全作业等措施,还应根据各工种的施工工序和技术要求将图纸进一步分别细读。例如,砌筑工要了解墙厚、墙高、门窗洞口尺寸、窗口是否有窗套或装饰线等;钢筋工则应注意凡是有钢筋的图纸,都要细看,这样才能配料和绑扎。

总之,施工图阅读总原则是,从大到小、从外到里、从整体到局部,有关图纸对照读,并注意阅读各类文字说明。看图时应将理论与实践相结合,联系生产实践,不断反复阅读,才能尽快地掌握方法,全面指导施工。

# 第二节　砌体结构构造

## 一、楼板的构造和作用

楼板是承担楼面上荷载的横向水平构件。砖石结构中的板主要有预制预应力多孔板和现浇板两种。前者施工速度快,但整体性差些;后者整体性较好,但施工周期较长且材料耗费较多。它们的作用虽然相同,但构造上却各有特点,现分述如下:

1.现浇钢筋混凝土板的构造

图 1-1 为现浇板的结构平面图。板支承于梁及纵墙上,梁支承于墙或柱上。一般墙上(或板底)均设圈梁,板与圈梁相连接。

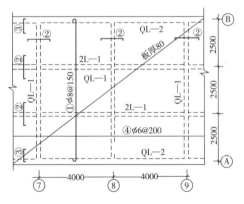

**图 1-1　现浇板结构平面图**
①—主筋;②、③—板面构造筋;④—分布筋

2.预应力多孔板的构造

预应力多孔板常用于砖混结构房屋中,一般板厚 11～12cm,有五孔、六孔等。由于多孔板是空心的,搁置于墙上的板头局部抗压强度较低,所以必须用混凝土堵头,多孔板的两边不可嵌入墙内(见图1-2)。

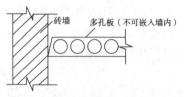

**图 1-2   多孔板与墙平行时的布置方式**

由于多孔板是相互分开搁置于墙(梁)上的,因此必须采取措施使楼(屋)面的板边成整体,其连接构造如下:

(1)板与板的连接:板缝需用 C20 细石混凝土灌捣密实,板缝的下端宽度以 10mm 为宜,板缝过宽时,则应按楼面荷载作用于板缝上计算配筋。板缝间应配筋(见图 1-3),以加强楼板的整体刚度和强度。

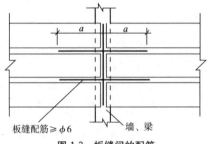

**图 1-3   板缝间的配筋**

(2)板与墙、梁的连接:预制板搁置的墙上应有 20mm 的铺灰,其中 10mm 为坐灰。铺灰材料采用与砌体相同强度的砂浆,但不应低于 M5。板的支座上部设置锚固钢筋与墙或梁连接,具体构造见图 1-4。

(3)板的作用:除了把垂直荷载传递给墙及梁之外,砖石结构在水平荷载(如风荷载、地震荷载)作用下,楼(屋)盖起着支承纵墙的水平梁作用,并通过楼(屋)盖本身水平向的弯曲和剪切,将水平力传给横墙。因此,板经过灌缝、配筋及后浇面层与梁、墙连接成整体,承受楼(屋)盖在水平方向发生弯曲和剪切时产生的内力;板和横墙的连接起着保证将水平力传给横墙的作用;板和纵墙连接承受纵墙传给楼板(屋面板)的水平压力或吸力,并保证纵墙的稳定。板、梁和墙体的连接不但要保证水平荷载的传递,当梁板作用在墙上的荷载是偏心荷载时,连接处还要承受偏心荷载引起的水平力。

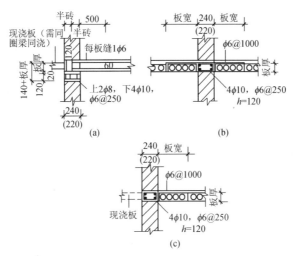

图 1-4 板与圈梁的连接方式

(a)与 L 形圈梁连接;(b)板面圈梁情况;(c)与板面圈梁连接

## 二、圈梁的构造及作用

### 1. 圈梁的构造

圈梁一般应设置于预制板同一标高处或紧靠板底,截面高度不宜小于 120mm。圈梁应闭合,遇有洞口应上下搭接(见图 1-5)。圈梁钢筋的接头应满足图 1-5(a)、(b)的要求。

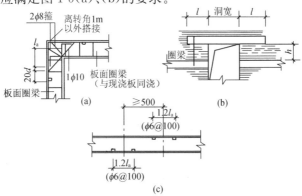

图 1-5 圈梁的构造要求

(a)转角处板面圈梁之间连接;(b)圈梁被洞口切断处;(c)圈梁钢筋搭接

2．圈梁的作用

圈梁的主要作用：一是提高空间的刚度，增加建筑物的整体性，防止因不均匀沉降、温差而造成砖墙裂缝；二是提高砖砌体的抗剪、抗拉强度，提高房屋的抗震能力。

### 三、构造柱的构造及作用

1．构造柱的构造

按照抗震设防的要求，砖混结构应按规定设置构造柱。构造柱最小截面可采用 $240mm \times 180mm$，纵向钢筋宜 $\geqslant 4\phi12$，箍筋间距不宜大于 $250mm$，且在柱上下端适当加密(图 1-6)。当设防烈度等于 7 度时，根据层高不同纵向钢筋采用 $4\phi14$，箍筋间距不应大于 $200mm$。

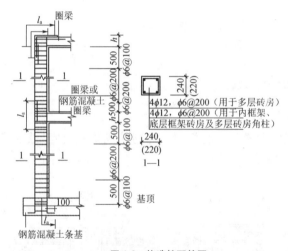

图 1-6 构造柱配筋图

构造柱与墙接合面，宜做成马牙槎，并沿墙高每隔 $500mm$ 设 $2\phi6$ 拉接筋，每边伸入墙内不小于 $1m$，构造柱的马牙槎从柱脚或柱下端开始，砌体应先退后进，以保证各层柱端有较大的断面(图 1-7)。

构造柱应与圈梁可靠连接，如图 1-7 所示，隔层设置圈梁的房屋，应在无圈梁的楼层增设配筋砖带。

构造柱可不单独设置基础，但应伸入室外地面下 $500mm$，或锚入浅于 $500mm$ 的基础圈梁内，如图 1-7 所示的构造柱根部形式。

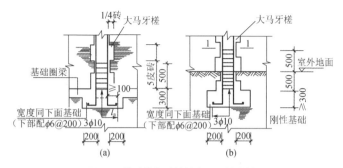

**图 1-7　构造柱与砖墙的大马牙槎连接**

(a)构造柱置于基础圈梁内;(b)构造柱置于刚性基础上

出屋面的建筑物,构造柱应伸到顶部,并与顶部圈梁连接。女儿墙应设构造小柱。当地震烈度为 6 度时,间距 $3.3h$($h$ 为女儿墙高度),当地震烈度为 7 度时,间距为 $2.5h$,并宜布置在横轴线外(图1-8),构造上应设压顶或圈梁;下部与梁连接(图 1-9)。

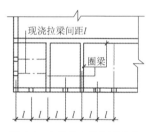

**图 1-8　女儿墙小柱构造形式**

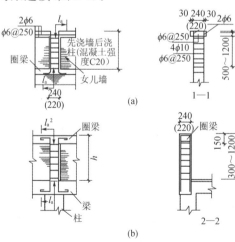

**图 1-9　女儿墙小柱与压顶连接**

(a)小柱与压连接;(b)小柱与圈梁连接

注:6 度设防时 $l=3.3h$;7 度设防时 $l=2.5h$。

2.构造柱的作用

构造柱可以加强房屋抗垂直地震力的能力,特别是承受向上地震力时,由于构造柱与圈梁连接成封闭环形,可以有效地防止墙体拉裂,并可以约束墙面裂缝的开展。通用构造柱的设置,可以加强纵横墙的连接,也可以加强墙体的抗剪、抗弯能力和延性,从而提高抗水平地震力的能力。

此外,构造柱还可以有效地约束因温差而造成的水平裂缝的发生。

**四、挑梁、阳台和雨篷**

挑梁、阳台和雨篷都是砖石结构中的悬挑构件。阳台、雨篷有梁式和板式两种。梁式结构由挑梁和简支板组成,板式结构类似变截面的挑梁。

挑梁在墙根部承受最大负弯矩,截面的上部受拉,下部受压,故截面的上端钢筋为受力钢筋,下端为构造钢筋(图1-10)。

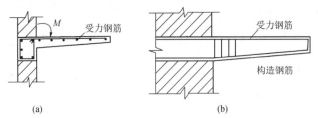

图1-10 悬挑构件的钢筋构造

(a)雨篷板;(b)阳台挑梁

挑梁伸入墙内长度的确定,要考虑由于梁悬挑而引起的倾覆因素。伸入墙内的梁越长,压在梁上的墙体重量越大,抵抗倾覆的能力愈强。所以规范规定:挑梁纵向受力钢筋至少应有 1/2 的钢筋面积伸入梁尾端,且不少于 $2\phi12$。其他钢筋伸入支座的长度不应小于 $2L_1/3$;挑梁埋入砌体长度 $L_1$ 挑出长度 $L$ 之比宜大于 1.0;当挑梁上无砌体时,$L_1$ 与 $L$ 之比宜大于 2。阳台承受在其上面活动的人、物荷载及自重,挑梁则承受阳台板传来的荷载,并通过伸入墙内的挑梁防止阳台的倾覆。另一方面,阳台又起到遮雨的作用。挑梁伸入墙内的长度一般设计图上均注明约为挑出长度的 1.5 倍,砌砖时应予以留出;此外,阳台面的泛水防水亦应予以重视。

### 五、楼梯

楼梯是楼层间的通道,它承担疏通人流、物流的作用。受到自身荷载、人和物的活荷载,有时还要受水平力的作用,并把力传递到墙上去。楼梯由楼梯段、楼梯梁、休息平台构成。在构造上分为梁式楼梯和板式楼梯两种;施工上又分为预制吊装的构件式和现场支模浇灌混凝土的现浇式两种;图 1-11 和图 1-12 为板式楼梯平面、剖面和构造配筋图。

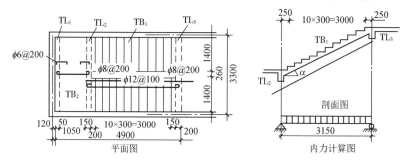

图 1-11　板式楼梯的平面图及剖面图

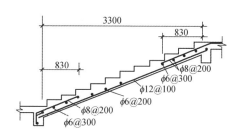

图 1-12　板式楼梯配筋图

一般情况下,现浇楼梯的踏步板不宜直接支承在承重墙上,因为支承在承重墙上会造成施工复杂且削弱砖墙的承载力。起步(首层)宜设置在基础梁上。

# 第二章 砌筑工程材料

## 第一节 砌筑用砖

### 一、烧结普通砖

1. 等级

(1)根据抗压强度分为 MU30、MU25、MU20、MU15、MU10 五个强度等级。

(2)强度、抗风化性能和放射性物质合格的砖,根据尺寸偏差、外观质量、泛霜和石灰爆裂分为优等品(A)、一等品(B)、合格品(C)三个质量等级。

优等品适用于清水墙和装饰墙,一等品、合格品可用于混水墙,中等泛霜的砖不能用于潮湿部位。

2. 规格

砖的外形为直角六面体,其公称尺寸为:长 240mm、宽 115mm、高 53mm。配砖和装饰砖规格可根据供需双方协商确定。

3. 尺寸偏差

尺寸允许偏差应符合表 2-1 的规定。

表 2-1　　　　　　　尺寸允许偏差　　　　　　　（单位:mm）

| 公 称 尺 寸 | | 240 | 115 | 53 |
|---|---|---|---|---|
| 优等品 | 平均偏差 | ±2.0 | ±1.5 | ±1.5 |
| | 样本极差≤ | 6 | 5 | 4 |
| 一等品 | 平均偏差 | ±2.5 | ±2.0 | ±1.6 |
| | 样本极差≤ | 7 | 6 | 5 |
| 合格品 | 平均偏差 | ±3.0 | ±2.5 | ±2.0 |
| | 样本极差≤ | 8 | 7 | 6 |

4. 外观质量

外观质量应符合表 2-2 的规定。

表 2-2　　　　　　　　　　　　外观质量　　　　　　　　（单位:mm）

| 项　目 | | 优等品 | 一等品 | 合格 |
|---|---|---|---|---|
| 两条面高度差　　　　≤ | | 2 | 3 | 4 |
| 弯曲　　　　　　　　≤ | | 2 | 3 | 4 |
| 杂质凸出高度　　　　≤ | | 2 | 3 | 4 |
| 缺棱掉角的三个破坏尺寸,不得同时大于 | | 5 | 20 | 30 |
| 裂纹长度 ≤ | 大面上宽度方向及其延伸至条面的长度 | 30 | 60 | 80 |
| | 大面上长度方向及其延伸至顶面的长度或条顶面上水平裂纹的长度 | 50 | 80 | 100 |
| 完整面　　　　　不得少于 | | 二条面和二顶面 | 一条面和一顶面 | — |
| 颜色 | | 基本一致 | — | — |

注:为装饰而施加的色差,凹凸纹、拉毛、压花等不算作缺陷。
　　凡有下列缺陷之一者,不得作为完整面:
　　1.缺损在条面或顶面上造成的破坏面尺寸同时大于10mm×10mm;
　　2.条面或顶面上裂纹宽度大于1mm,其长度超过30mm;
　　3.压陷、粘底、焦花在条面或顶面上的凹陷或凸出超过2mm,区域尺寸同时大于
　　　10mm×10mm

## 5.强度

强度等级应符合表 2-3 的要求。

表 2-3　　　　　　　　　　　　强度等级　　　　　　　　（单位:MPa）

| 强度等级 | 抗压强度平均值 $\bar{f}$ ≥ | 变异系数 δ≤0.21 | 变异系数 δ>0.21 |
|---|---|---|---|
| | | 强度标准值 $f_k$≥ | 单块最小抗压强度值 $f_{min}$≥ |
| MU30 | 30.0 | 22.0 | 25.0 |
| MU25 | 25.0 | 18.0 | 22.0 |
| MU20 | 20.0 | 14.0 | 16.0 |
| MU15 | 15.0 | 10.0 | 12.0 |
| MU10 | 10.0 | 6.5 | 7.5 |

## 6.泛霜和石灰爆裂

## (1)泛霜:

每块砖样应符合下列规定:

优等品:无泛霜;

一等品:不允许出现中等泛霜;

合格品:不允许出现严重泛霜。

(2)石灰爆裂:

优等品:不允许出现最大破坏尺寸大于 2mm 的爆裂区域。

一等品:

1)最大破坏尺寸大于 2mm 且小于等于 10mm 的爆裂区域,每组砖样不得多于 15 处。

2)不允许出现最大破坏尺寸大于 10mm 的爆裂区域。

合格品:

1)最大破坏尺寸大于 2mm 且小于或等于 15mm 的爆裂区域,每组砖样不得多于 15 处,其中大于 10mm 的不得多于 7 处。

2)不允许出现最大破坏尺寸大于 15mm 的爆裂区域。

7.组批原则及取样规定

(1)每 3.5 万~15 万块为一验收批,不足 3.5 万块也按一批计。

(2)每一验收批随机抽取试样一组(50 块)。

尺寸偏差和外观质量检验的样品用随机抽样法从堆场中抽取。其他检验项目的样品用随机抽样法从尺寸偏差和外观质量检验合格的样品中抽取。

**二、烧结多孔砖**

1.规格

砖的外型为直角六面体,其长度、宽度、高度尺寸(单位:mm)应符合下列要求:

290,240,190,180,140,115,90。

其他规格尺寸由供需双方协商确定。

2.孔洞尺寸

孔洞尺寸应符合表 2-4 的要求。

| 表 2-4 | 孔洞尺寸 | （单位：mm） |
|---|---|---|
| 圆 孔 直 径 | 非圆孔内切圆直径 | 手 抓 孔 |
| ≤22 | ≤15 | （30～40）×（75～85） |

3.质量等级

（1）根据抗压强度分为 MU30、MU25、MU20、MU15、MU10 五个强度等级。

（2）强度和抗风化性能合格的砖，根据砖的密度划分为 1000、1100、1200、1300 四个质量等级。

4.外观质量

外观质量应符合表 2-5 的要求。

| 表 2-5 | 外观质量 | （单位：mm） |
|---|---|---|
| 项　　目 | | 指　　标 |
| 1.完整面 | 不得少于 | 一条面和一顶面 |
| 2.缺棱掉角的三个破坏尺寸 | 不得同时大于 | 30 |
| 3.裂纹长度 | | |
| a)大面(有孔面)上深入孔壁 15mm 以上宽度方向及其延伸到条面的长度 | 不大于 | 80 |
| b)大面(有孔面)上深入孔壁 15mm 以上长度方向及其延伸到顶面的长度 | 不大于 | 100 |
| c)条顶面上的水平裂纹 | 不大于 | 100 |
| 4.杂质在砖或砌块面上造成的凸出高度 | 不大于 | 5 |

注：凡有下列缺陷之一者，不能称为完整面：
　　a)缺损在条面或顶面上造成的破坏尺寸同时大于 20mm×30mm；
　　b)条面或顶面上裂纹宽度大于 1mm，其长度超过 70mm；
　　c)压陷、焦花、粘底在条面或顶面上的凹陷或凸出超过 2mm，区域最大投影尺寸同时大于 20mm×30mm

5.尺寸允许偏差

尺寸允许偏差应符合表 2-6 的要求。

| 表 2-6 | 尺寸允许偏差 | (单位:mm) |
|---|---|---|
| 尺　寸 | 样本平均偏差 | 样本极差≤ |
| >400 | ±3.0 | 10.0 |
| 300~400 | ±2.5 | 9.0 |
| 200~300 | ±2.5 | 8.0 |
| 100~200 | ±2.0 | 7.0 |
| <100 | ±1.5 | 6.0 |

6. 强度等级

强度等级应符合表 2-7 的规定。

| 表 2-7 | 强度等级 | (单位:MPa) |
|---|---|---|
| 强度等级 | 抗压强度平均值 $\overline{f}$≥ | 强度标准值 $f_k$≥ |
| MU30 | 30.0 | 22.0 |
| MU25 | 25.0 | 18.0 |
| MU20 | 20.0 | 14.0 |
| MU15 | 15.0 | 10.0 |
| MU10 | 10.0 | 6.5 |

7. 孔型、孔洞率及孔洞排列

孔型、孔洞率及孔洞排列应符合表 2-8 的要求。

表 2-8　　　　孔型、孔洞率及孔洞排列

| 孔型 | 孔洞尺寸/mm | | 最小外壁厚/mm | 最小肋厚/mm | 孔洞率/(%) | | 孔洞排列 |
|---|---|---|---|---|---|---|---|
| | 孔宽度尺寸 $b$ | 孔长度尺寸 $L$ | | | 砖 | 砌块 | |
| 矩形条孔或矩形孔 | ≤13 | ≤40 | ≥12 | ≥5 | ≥28 | ≥33 | 1. 所有孔宽应相等。孔采用单向或双向交错排列;<br>2. 孔洞排列上下、左右应对称,分布均匀,手抓孔的长度方向尺寸必须平行于砖的条面 |

续表

| 孔型 | 孔洞尺寸/mm | | 最小外壁厚/mm | 最小肋厚/mm | 孔洞率/(%) | | 孔洞排列 |
| | 孔宽度尺寸 $b$ | 孔长度尺寸 $L$ | | | 砖 | 砌块 | |
|---|---|---|---|---|---|---|---|

注:1. 矩形孔的孔长 $L$、孔宽 $b$ 满足式 $L \geqslant 3b$ 时,为矩形条孔。

2. 孔四个角应做成过渡圆角,不得做成直尖角。

3. 如设有砌筑砂浆槽,则砌筑砂浆槽不计算在孔洞率内。

4. 规格大的砖和砌块应设置手抓孔,手抓孔尺寸为(30～40)mm×(75～85)mm

8. 泛霜和石灰爆裂

(1)泛霜。

每块砖或砌块不允许出现严重泛霜。

(2)石灰爆裂。

1)破坏尺寸大于 2mm 且小于或等于 15mm 的爆裂区域,每组砖和砌块不得多于 15 处。其中大于 10mm 的不得多于 7 处。

2)不允许出现破坏尺寸大于 15mm 的爆裂区域。

9. 组批原则及取样规定

(1)每 3.5 万～15 万块为一验收批,不足 3.5 万块也按一批计。

(2)每一验收批随机抽取试样一组(50 块)。

尺寸偏差和外观质量检验的样品用随机抽样法从堆场中抽取。其他检验项目的样品用随机抽样法从尺寸偏差和外观质量检验合格的样品中抽取。

### 三、蒸压灰砂砖

蒸压灰砂砖是以石灰和砂为主要原料,经坯料制备、压制成型、蒸压养护而成的实心灰砂砖。灰砂砖不得用于长期受热 200℃以上、受急冷急热和有酸性介质侵蚀的建筑部位。

1. 规格

砖的公称尺寸为:长度 240mm,宽度 115mm,高度 53mm。

2. 技术要求

技术要求应符合表 2-9 至表 2-11 的要求。

表 2-9 尺寸偏差和外观

| 项　目 | | | 指　标 | | |
|---|---|---|---|---|---|
| | | | 优等品 | 一等品 | 合格品 |
| 尺寸允许偏差/mm | 长度 | $L$ | ±2 | ±2 | ±3 |
| | 宽度 | $B$ | ±2 | | |
| | 高度 | $H$ | ±1 | | |
| 缺棱掉角 | 个数,不多于/个 | | 1 | 1 | 2 |
| | 最大尺寸不得大于/mm | | 10 | 15 | 20 |
| | 最小尺寸不得大于/mm | | 5 | 10 | 10 |
| 对应高度差不得大于/mm | | | 1 | 2 | 3 |
| 裂纹 | 条数,不多于/条 | | 1 | 1 | 2 |
| | 大面上宽度方向及其延伸到条面的长度不得大于/mm | | 20 | 50 | 70 |
| | 大面上长度方向及其延伸到顶面上的长度或条、顶面水平裂纹的长度不得大于/mm | | 30 | 70 | 100 |

表 2-10 力学性能 (单位:MPa)

| 强度级别 | | MU25 | MU20 | MU15 | MU10 |
|---|---|---|---|---|---|
| 抗压强度 | 平均值不小于 | 25.0 | 20.0 | 15.0 | 10.0 |
| | 单块值不小于 | 20.0 | 16.0 | 12.0 | 8.0 |
| 抗折强度 | 平均值不小于 | 5.0 | 4.0 | 3.3 | 2.5 |
| | 单块值不小于 | 4.0 | 3.2 | 2.6 | 2.0 |

注:优等品的强度级别不得小于 MU15

表 2-11 抗冻性指标

| 强度级别 | 冻后抗压强度/MPa 平均值不小于 | 单块砖的干质量损失/(%) 不大于 |
|---|---|---|
| MU25 | 20.0 | 2.0 |
| MU20 | 16.0 | 2.0 |
| MU15 | 12.0 | 2.0 |
| MU10 | 8.0 | 2.0 |

注:优等品的强度级别不得小于 MU15

3.组批原则及取样规定

(1)每 10 万块为一验收批,不足 10 万块也按一批计。

(2)每一验收批随机抽取试样一组(50 块)。

尺寸偏差和外观质量检验的样品用随机抽样法从堆场中抽取。其他检验项目的样品用随机抽样法从尺寸偏差和外观质量检验合格的样品中抽取。

### 四、粉煤灰砖

粉煤灰砖是以粉煤灰、石灰为主要原料,掺加适量石膏和骨料经坯料制备、压制成型、高压或常压蒸汽养护而制成的砖。可用于工业与民用建筑的墙体和基础,但用于基础或用于易受冻融和干湿交替作用的建筑部位必须使用一等砖与优等砖,但又不得用于长期受热(200℃以上)或受急冷急热和有酸性介质侵蚀的建筑部位。

1.规格

砖的公称尺寸为:长 240mm,宽 115mm,高 53mm。

2.技术要求

(1)外观质量和尺寸偏差,见表 2-12。

表 2-12　　　　　　　　　外观质量和尺寸偏差

| 项 目 名 称 | | | 技 术 指 标 |
|---|---|---|---|
| 外观质量 | 缺棱掉角 | 个数/个 | ≤2 |
| | | 三个方向投影尺寸的最大值/mm | ≤15 |
| | 裂纹 | 裂纹延伸的投影尺寸累计/mm | ≤20 |
| | 层裂 | | 不允许 |
| 尺寸偏差 | 长度/mm | | +2 −1 |
| | 宽度/mm | | ±2 |
| | 高度/mm | | +2 −1 |

(2)强度等级。

强度等级应符合表 2-13 的规定。

表 2-13　　　　　　　　　　　强度等级　　　　　　　　(单位:MPa)

| 强度等级 | 抗压强度 | | 抗折强度 | |
|---|---|---|---|---|
| | 平均值 | 单块最小值 | 平均值 | 单块最小值 |
| MU10 | ≥10.0 | ≥8.0 | ≥2.5 | ≥2.0 |
| MU15 | ≥15.0 | ≥12.0 | ≥3.7 | ≥3.0 |
| MU20 | ≥20.0 | ≥16.0 | ≥4.0 | ≥3.2 |
| MU25 | ≥25.0 | ≥20.0 | ≥4.5 | ≥3.6 |
| MU30 | ≥30.0 | ≥24.0 | ≥4.8 | ≥3.8 |

(3)抗冻性。

抗冻性应符合表 2-14 的规定,使用条件应符合 GB 50176 的规定。

表 2-14　　　　　　　　　　　抗冻性

| 使用地区 | 抗冻指标 | 质量损失率 | 抗压强度损失率 |
|---|---|---|---|
| 夏热冬暖地区 | D15 | ≤5% | ≤25% |
| 夏热冬冷地区 | D25 | | |
| 寒冷地区 | D35 | | |
| 严寒地区 | D50 | | |

(4)线性干燥收缩值,应不大于 0.5mm/m。

(5)碳化系数应不小于 0.85。

(6)吸水率应不大于 20%。

(7)放射性核素限量应符合 GB 6566 的规定。

3.组批原则及取样规定

(1)组批规则。

以同一批原材料、同一生产工艺生产、同一规格型号、同一强度等级和同一龄期的每 10 万块砖为一批,不足 10 万块按一批计。

(2)抽样规则。

1)外观质量和尺寸偏差的检验样品用随机抽样法从每一检验批的产品中抽取。其他项目的检验样品用随机抽样法从外观质量和尺寸偏差检验合格的样品批中抽取。

2)抽样数量按表 2-15 进行。

表 2-15 　　　　　　　　　样品数量　　　　　　　　　（单位:块)

| 检 验 项 目 | 样 品 数 量 |
|---|---|
| 外观质量和尺寸偏差 | $100(n_1=n_2=50)$ |
| 强度等级 | 20 |
| 吸水率 | 3 |
| 线性干燥收缩值 | 3 |
| 抗冻性 | 20 |
| 碳化系数 | 25 |
| 放射性核素限量 | 3 |

# 第二节　砌筑用砌块

## 一、混凝土空心砌块

### 1.规格

(1)主块型砌块各部位的名称。

主块型砌块各部位的名称见图 2-1。

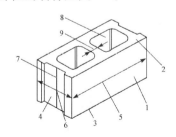

图 2-1　砌块各部位的名称

1—条面;2—坐浆面(肋厚较小的面);3—铺浆面(肋厚较大的面);
4—顶面;5—长度;6—宽度;7—高度;8—壁;9—肋

(2)砌块的外形宜为直角六面体,常用块型的规格尺寸见表 2-16。

表 2-16　　　　　　　　　砌块的规格尺寸　　　　　　　(单位:mm)

| 长　度 | 宽　度 | 高　度 |
|---|---|---|
| 390 | 90、120、140、190、240、290 | 90、140、190 |

注:其他规格尺寸可由供需双方协商确定。采用薄灰缝砌筑的块型,相关尺寸可作相应
调整

2. 种类

(1)砌块按空心率分为空心砌块(空心率不小于 25%,代号:H)和实心砌块(空心率小于 25%,代号:S)。

(2)砌块按使用时砌筑墙体的结构和受力情况,分为承重结构用砌块(代号:L。简称承重砌块)、非承重结构用砌块(代号:N。简称非承重砌块)。

(3)常用的辅助砌块代号分别为:半块——50,七分头块——70,圈梁块——U,清扫孔块——W。

3. 等级

按砌块的抗压强度分级,见表 2-17。

表 2-17　　　　　　　　　砌块的强度等级　　　　　　　(单位:MPa)

| 砌块种类 | 承重砌块(L) | 非承重砌块(N) |
|---|---|---|
| 空心砌块(H) | 7.5、10.0、15.0、20.0、25.0 | 5.0、7.5、10.0 |
| 实心砌块(S) | 15.0、20.0、25.0、30.0、35.0、40.0 | 10.0、15.0、20.0 |

4. 技术要求

(1)尺寸偏差。

砌块的尺寸允许偏差应符合表 2-18 的规定。对于薄灰缝砌块,其高度允许偏差应控制在+1mm,−2mm。

表 2-18　　　　　　　　　尺寸允许偏差　　　　　　　(单位:mm)

| 项目名称 | 技术指标 |
|---|---|
| 长度 | ±2 |
| 宽度 | ±2 |
| 高度 | +3、−2 |

注:免浆砌块的尺寸允许偏差,应由企业根据块型特点自行给出。尺寸偏差不应影响垒砌
和墙片性能

（2）外观质量。

砌块的外观质量应符合表 2-19 的规定。

表 2-19　　　　　　　　　　　　　外观质量

| 项 目 名 称 | | | 技 术 指 标 |
| --- | --- | --- | --- |
| 弯曲 | | 不大于 | 2mm |
| 缺棱掉角 | 个数 | 不超过 | 1个 |
| | 三个方向投影尺寸的最大值 | 不大于 | 20mm |
| 裂纹延伸的投影尺寸累计 | | 不大于 | 30mm |

（3）空心率。

空心砌块（H）应不小于 25％；实心砌块（S）应小于 25％。

（4）外壁和肋厚。

1）承重空心砌块的最小外壁厚应不小于 30mm，最小肋厚应不小于 25mm。

2）非承重空心砌块的最小外壁厚和最小肋厚应不小于 20mm。

（5）强度等级。

砌块的强度等级应符合表 2-20 的规定。

表 2-20　　　　　　　　　　　　　强度等级　　　　　　　　　　　（单元：MPa）

| 强 度 等 级 | 抗 压 强 度 | |
| --- | --- | --- |
| | 平均值≥ | 单块最小值≥ |
| MU5.0 | 5.0 | 4.0 |
| MU7.5 | 7.5 | 6.0 |
| MU10 | 10.0 | 8.0 |
| MU15 | 15.0 | 12.0 |
| MU20 | 20.0 | 16.0 |
| MU25 | 25.0 | 20.0 |
| MU30 | 30.0 | 24.0 |
| MU35 | 35.0 | 28.0 |
| MU40 | 40.0 | 32.0 |

（6）吸水率。

L类砌块的吸水率应不大于 10%；N 类砌块的吸水率应不大于 14%。

(7)线性干燥收缩值。

L类砌块的线性干燥收缩值应不大于 0.45mm/m；N 类砌块的线性干燥收缩值应不大于 0.65mm/m。

(8)抗冻性。

砌块的抗冻性应符合表 2-21 的规定。

表 2-21 抗冻性

| 使 用 条 件 | 抗 冻 指 标 | 质量损失率 | 强度损失率 |
|---|---|---|---|
| 夏热冬暖地区 | D15 | 平均值≤5% 单块最大值≤10% | 平均值≤20% 单块最大值≤30% |
| 夏热冬冷地区 | D25 | | |
| 寒冷地区 | D35 | | |
| 严寒地区 | D50 | | |

注：使用条件应符合 GB 50176 的规定

(9)碳化系数。

砌块的碳化系数应不小于 0.85。

(10)软化系数。

砌块的软化系数应不小于 0.85。

(11)放射性核素限量应符合 GB 6566 的规定。

5.组批与抽样规定

(1)组批规则。

砌块按规格、种类、龄期和强度等级分批验收。以同一种原材料配制成的相同规格、龄期、强度等级和相同生产工艺生产的 500m³ 且不超过 3 万块砌块为一批，每周生产不足 500m³ 且不超过 3 万块砌块按一批计。

(2)抽样规则。

1)每批随机抽取 32 块做尺寸偏差和外观质量检验。

2)从尺寸偏差和外观质量合格的检验批中，随机抽取如下数量进行以下项目的检验：

| 表2-22 | 样品数量 | （单位：块） | |
|---|---|---|---|
| 检验项目 | 样 品 数 量 | | |
| | $(H/B){\geqslant}0.6$ | $(H/B){<}0.6$ | |
| 空心率 | 3 | 3 | |
| 外壁和肋厚 | 3 | 3 | |
| 强度等级 | 5 | 10 | |
| 吸水率 | 3 | 3 | |
| 线性干燥收缩值 | 3 | 3 | |
| 抗冻性 | 10 | 20 | |
| 碳化系数 | 12 | 22 | |
| 软化系数 | 10 | 20 | |
| 放射性核素限量 | 3 | 3 | |

注：$H/B$（高宽比）是指试样在实际使用状态下的承压高度（$H$）与最小水平尺寸（$B$）之比

## 二、轻集料混凝土小型空心砌块

1. 类别

按砌块孔的排数分类为：单排孔、双排孔、三排孔、四排孔等。

2. 规格尺寸

主规格尺寸长×宽×高为 390mm×190mm×190mm。其他规格尺寸可由供需双方商定。

3. 等级

（1）砌块密度等级分为八级：700、800、900、1000、1100、1200、1300、1400。

注：除自燃煤矸石掺量不小于砌块质量35％的砌块外，其他砌块的最大密度等级为1200。

（2）砌块强度等级分为五级：MU2.5、MU3.5、MU5.0、MU7.5、MU10.0。

4. 技术要求

（1）尺寸偏差和外观质量。

尺寸偏差和外观质量应符合表2-23的要求。

表 2-23 尺寸偏差和外观质量

| 项　目 | | | 指标 |
|---|---|---|---|
| 尺寸偏差/mm | 长度 | | ±3 |
| | 宽度 | | ±3 |
| | 高度 | | ±3 |
| 最小外壁厚/mm | 用于承重墙体 | ≥ | 30 |
| | 用于非承重墙体 | ≥ | 20 |
| 肋厚/mm | 用于承重墙体 | ≥ | 25 |
| | 用于非承重墙体 | ≥ | 20 |
| 缺棱掉角 | 个数/块 | ≤ | 2 |
| | 三个方向投影的最大值/mm | ≤ | 20 |
| 裂缝延伸的累计尺寸/mm | | ≤ | 30 |

(2)密度等级。

密度等级应符合表 2-24 的要求。

表 2-24 密度等级 (单位:kg/m³)

| 密 度 等 级 | 干表观密度范围 |
|---|---|
| 700 | ≥610,≤700 |
| 800 | ≥710,≤800 |
| 900 | ≥810,≤900 |
| 1000 | ≥910,≤1000 |
| 1100 | ≥1010,≤1100 |
| 1200 | ≥1110,≤1200 |
| 1300 | ≥1210,≤1300 |
| 1400 | ≥1310,≤1400 |

(3)强度等级。

强度等级应符合表 2-25 的规定;同一强度等级砌块的抗压强度和密度等级范围应同时满足表 2-25 的要求。

表 2-25 强度等级

| 强 度 等 级 | 抗压强度/MPa | | 密度等级范围 /(kg/m³) |
|---|---|---|---|
| | 平均值 | 最小值 | |
| MU2.5 | ≥2.5 | ≥2.0 | ≤800 |
| MU3.5 | ≥3.5 | ≥2.8 | ≤1000 |

续表

| 强 度 等 级 | 抗压强度/MPa | | 密度等级范围 /(kg/m³) |
|---|---|---|---|
| | 平均值 | 最小值 | |
| MU5.0 | ≥5.0 | ≥4.0 | ≤1200 |
| MU7.5 | ≥7.5 | ≥6.0 | ≤1200ᵃ ≤1300ᵇ |
| MU10.0 | ≥10.0 | ≥8.0 | ≤1200ᵃ ≤1400ᵇ |

注：当砌块的抗压强度同时满足 2 个强度等级或 2 个以上强度等级要求时，应以满足要求的最高强度等级为准

a　除自燃煤矸石掺量不小于砌块质量 35％以外的其他砌块；

b　自燃煤矸石掺量不小于砌块质量 35％的砌块

(4)吸水率、干缩率和相对含水率。

1)吸水率应不大于 18％。

2)干燥收缩率应不大于 0.065％。

3)相对含水率应符合表 2-26 的规定。

表 2-26　　　　　　　　　　　　相对含水率

| 干燥收缩率/(％) | 相对含水率/(％) | | |
|---|---|---|---|
| | 潮湿地区 | 中等湿度地区 | 干燥地区 |
| ＜0.03 | ≤45 | ≤40 | ≤35 |
| ≥0.03,≤0.045 | ≤40 | ≤35 | ≤30 |
| ＞0.045,≤0.065 | ≤35 | ≤30 | ≤25 |

注：1.相对含水率为砌块出厂含水率与吸水率之比。

$$W = \frac{\omega_1}{\omega_2} \times 100$$

式中　$W$——砌块的相对含水率，用百分数表示(％)；

　　　　$\omega_1$——砌块出厂时的含水率，用百分数表示(％)；

　　　　$\omega_2$——砌块的吸水率，用百分数表示(％)。

2.使用地区的湿度条件：

　　潮湿地区——年平均相对湿度大于 75％的地区；

中等湿度地区——年平均相对湿度 50％～75％的地区；

　　干燥地区——年平均相对湿度小于 50％的地区

(5)碳化系数和软化系数。

碳化系数应不小于 0.8;软化系数应不小于 0.8。

(6)抗冻性。

抗冻性应符合表 2-27 的要求。

表 2-27　　　　　　　　　　抗冻性

| 环境条件 | 抗冻标号 | 质量损失率/(%) | 强度损失率/(%) |
|---|---|---|---|
| 温和与夏热冬暖地区 | D15 | | |
| 夏热冬冷地区 | D25 | ≤5 | ≤25 |
| 寒冷地区 | D35 | | |
| 严寒地区 | D50 | | |

注:环境条件应符合 GB 50176 的规定

(7)放射性核素限量。

砌块的放射性核素限量应符合 GB 6566 的规定。

5.组批原则及取样规定

(1)组批规则。

砌块按密度等级和强度等级分批验收。以同一品种轻集料和水泥按同一生产工艺制成的相同密度等级和强度等级的 300m³ 砌块为一批;不足 300m³ 者亦按一批计。

(2)抽样规则。

每批随机抽取 32 块做尺寸偏差和外观质量检验;再从尺寸偏差和外观质量检验合格的砌块中,随机抽取如下数量进行以下项目的检验:

1)强度:5 块;

2)密度、吸水率和相对含水率:3 块。

**三、烧结空心砖和空心砌块**

1.类别

按主要原料分为黏土空心砖和空心砌块(N)、页岩空心砖和空心砌块(Y)、煤矸石空心砖和空心砌块(M)、粉煤灰空心砖和空心砌块

(F)、淤泥空心砖和空心砌块(U)、建筑渣土空心砖和空心砌块(Z)、其他固体废弃物空心砖和空心砌块(G)。

2.规格

(1)空心砖和空心砌块的外形为直角六面体(见图2-2),混水墙用空心砖和空心砌块,应在大面和条面上设有均匀分布的粉刷槽或类似结构,深度不小于2mm。

(2)空心砖和空心砌块的长度、宽度、高度尺寸应符合下列要求:

——长度规格尺寸(mm):390,290,240,190,180(175),140;

——宽度规格尺寸(mm):190,180(175),140,115;

——高度规格尺寸(mm):180(175),140,115,90。

其他规格尺寸由供需双方协商确定。

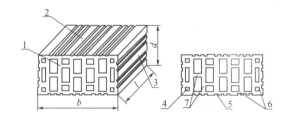

图2-2 烧结空心砖和空心砌块示意图

1—顶面;2—大面;3—条面;4—壁孔;5—粉刷槽;6—外壁;7—肋

$l$—长度;$b$—宽度;$d$—高度

3.等级

(1)强度等级。

按抗压强度分为 MU10.0、MU7.5、MU5.0、MU3.5。

(2)密度等级。

按体积密度分为 800 级、900 级、1000 级、1100 级。

4.技术要求

(1)尺寸允许偏差。

尺寸允许偏差应符合表2-28的规定。

表 2-28　　　　　　　　　　　尺寸允许偏差　　　　　　　　（单位：mm）

| 尺　寸 | 样本平均偏差 | 样本极差≤ |
|---|---|---|
| >300 | ±3.0 | 7.0 |
| >200~300 | ±2.5 | 6.0 |
| 100~200 | ±2.0 | 5.0 |
| <100 | ±1.7 | 4.0 |

（2）外观质量。

空心砖和空心砌块的外观质量应符合表 2-29 的规定。

表 2-29　　　　　　　　　　　　外观质量　　　　　　　　　（单位：mm）

| 项　目 | | 指　标 |
|---|---|---|
| 1.弯曲 | 不大于 | 4 |
| 2.缺棱掉角的三个破坏尺寸 | 不得同时大于 | 30 |
| 3.垂直度差 | 不大于 | 4 |
| 4.未贯穿裂纹长度 | | |
| ①大面上宽度方向及其延伸到条面的长度 | 不大于 | 100 |
| ②大面上长度方向或条面上水平面方向的长度 | 不大于 | 120 |
| 5.贯穿裂纹长度 | | |
| ①大面上宽度方向及其延伸到条面的长度 | 不大于 | 40 |
| ②壁、肋沿长度方向、宽度方向及其水平方向的长度 | 不大于 | 40 |
| 6.肋、壁内残缺长度 | 不大于 | 40 |
| 7.完整面ᵃ | 不少于 | 一条面或一大面 |

a　凡有下列缺陷之一者，不能称为完整面：
　　a)缺损在大面、条面上造成的破坏面尺寸同时大于 20mm×30mm；
　　b)大面、条面上裂纹宽度大于 1mm，其长度超过 70mm；
　　c)压陷、粘底、焦花在大面、条面上的凹陷或凸出超过 2mm，区域尺寸同时大于 20mm
　　　×30mm

（3）强度等级。

强度应符合表 2-30 的规定。

表 2-30                   强度等级

| 强度等级 | 抗压强度/MPa | | |
|---|---|---|---|
| | 抗压强度平均值 $\overline{f}\geq$ | 变异系数 $\delta\leq0.21$ | 变异系数 $\delta>0.21$ |
| | | 强度标准值 $f_k\geq$ | 单块最小抗压强度值 $f_{min}\geq$ |
| MU10.0 | 10.0 | 7.0 | 8.0 |
| MU7.5 | 7.5 | 5.0 | 5.8 |
| MU5.0 | 5.0 | 3.5 | 4.0 |
| MU3.5 | 3.5 | 2.5 | 2.8 |

（4）密度等级。

密度等级应符合表 2-31 的规定。

表 2-31                   密度等级            （单位：kg/m³）

| 密 度 等 级 | 五块体积密度平均值 |
|---|---|
| 800 | $\leq800$ |
| 900 | $801\sim900$ |
| 1000 | $901\sim1000$ |
| 1100 | $1001\sim1100$ |

（5）孔洞排列及其结构。

1）孔洞排列及其结构应符合表 2-32 的规定。

表 2-32                   孔洞排列及其结构

| 孔洞排列 | 孔洞排数/排 | | 孔洞率/(%) | 孔 型 |
|---|---|---|---|---|
| | 宽度方向 | 高度方向 | | |
| 有序或交错排列 | $b\geq200mm$  $\geq4$<br>$b<200mm$  $\geq3$ | $\geq2$ | $\geq40$ | 矩形孔 |

2）在空心砖和空心砌块的外壁内侧宜设置有序排列的宽度或直径不大于 10mm 的壁孔，壁孔的孔型可为圆孔或矩形孔。

（6）泛霜。

每块空心砖和空心砌块不允许出现严重泛霜。

（7）石灰爆裂。

每组空心砖和空心砌块应符合下列规定：

1)最大破坏尺寸大于 2mm 且小于等于 15mm 的爆裂区域，每组空心砖和空心砌块不得多于 10 处。其中大于 10mm 的不得多于 5 处；

2)不允许出现最大破坏尺寸大于 15mm 的爆裂区域。

(8)抗风化性能。

1)严重风化区中的 1、2、3、4、5 地区的空心砖和空心砌块应进行冻融试验，其他地区空心砖和空心砌块的抗风化性能符合表 2-33 规定时可不做冻融试验，否则应进行冻融试验。

表 2-33 抗风化性能

| 产品类别 | 项　　目 | | | | | | | |
|---|---|---|---|---|---|---|---|---|
| | 严重风化区 | | | | 非严重风化区 | | | |
| | 5h 沸煮吸水率 (%)≤ | | 饱和系数≤ | | 5h 沸煮吸水率 (%)≤ | | 饱和系数≤ | |
| | 平均值 | 单块最大值 | 平均值 | 单块最大值 | 平均值 | 单块最大值 | 平均值 | 单块最大值 |
| 黏土砖和砌块 | 21 | 23 | 0.85 | 0.87 | 23 | 25 | 0.88 | 0.90 |
| 粉煤灰砖和砌块 | 23 | 25 | | | 30 | 32 | | |
| 页岩砖和砌块 | 16 | 18 | 0.74 | 0.77 | 18 | 20 | 0.78 | 0.80 |
| 煤矸石砖和砌块 | 19 | 21 | | | 21 | 23 | | |

注:1. 粉煤灰掺入量(质量分数)小于 30%时按黏土空心砖和空心砌块规定判定。

2. 淤泥、建筑渣土及其他固体废弃物掺入量(质量分数)小于 30%时按相应产品类别规定判定

2)冻融循环 15 次试验后，每块空心砖和空心砖块不允许出现分层、掉皮、缺棱掉角等冻坏现象；冻后裂纹长度不大于表 2-29 中第 4 项、第 5 项的规定。

(9)欠火砖(砌块)、酥砖(砌块)。

产品中不允许有欠火砖(砌块)、酥砖(砌块)。

(10)放射性核素限量。

放射性核素限量应符合 GB 6566 的规定。

5.组批原则及抽样规定

(1)批量。

检验批的构成原则和批量大小按 JC/T 466 规定。3.5 万～15 万块为一批,不足 3.5 万块按一批计。

(2)抽样。

1)外观质量和欠火砖(砌块)、酥砖(砌块)检验的样品采用随机抽样法,在每一检验批的产品堆垛中抽取。

2)其他检验项目的样品用随机抽样法从外观质量检验合格的样品中抽取。

3)抽样数量按表 2-34 进行。

表 2-34 抽样数量 (单位:块)

| 序 号 | 检 验 项 目 | 抽 样 数 量 |
|---|---|---|
| 1 | 外观质量[欠火砖(砌块)、酥砖(砌块)] | $50(n_1=n_2=50)$ |
| 2 | 尺寸允许偏差 | 20 |
| 3 | 强度 | 10 |
| 4 | 密度 | 5 |
| 5 | 孔洞排列及其结构 | 5 |
| 6 | 泛霜 | 5 |
| 7 | 石灰爆裂 | 5 |
| 8 | 吸水率和饱和系数 | 5 |
| 9 | 冻融 | 5 |
| 10 | 放射性核素限量 | 3 |

# 第三节 砌筑用石材

## 一、石材分类

从天然岩层中开采而得的毛料石和经过加工成块状、板状的石料统称为石材。它质地坚固,可以加工成各种形状,既可作为承重结构使用,又可以作为装饰材料。

### 1.毛料石

毛料石是由人工采用撬凿法和爆破法开采出来的不规格石块,一般要求在一个方向有较平整的面,中部厚度不小于150mm,每块毛石重20～30kg。在砌筑工程中一般用于基础、挡土墙、护坡、堤坝和墙体等。

### 2.粗料石

粗料石亦称块石,形状比毛石整齐,具有近乎规则的六个面,是经过粗加工而得的成品。在砌筑工程中用于基础、房屋勒脚和毛石砌体的转角部位或单独砌筑墙体。

### 3.细料石

细料石是经过选择后,再经人工打凿和琢磨而成的成品。因其加工细度的不同,可分为一细、二细等。由于已经加工,形状方正,尺寸规格,因此可用于砌筑较高级房屋的台阶、勒脚、墙体等,也可用作高级房屋饰面的镶贴。

### 二、石材加工的质量要求

石材各面的加工要求,应符合表 2-35 的规定;石材加工的允许偏差应符合表 2-36 的规定。

表 2-35　　　　　　　　石材各面的加工要求

| 石材种类 | 外露面及相接周边的表面凹入深度 | 叠砌面和接砌面的表面凹入深度 |
|---|---|---|
| 细料石 | 不大于 2mm | 不大于 10mm |
| 粗料石 | 不大于 20mm | 不大于 20mm |
| 毛料石 | 稍加修整 | 不大于 25mm |

注:相接周边的表面是指叠砌面、接砌面与外露面相接处 20～30mm 范围内的部分

表 2-36　　　　　　　　石材加工允许偏差

| 石材种类 | 加工允许偏差/mm | |
|---|---|---|
| | 宽度、厚度 | 长　　度 |
| 细料石 | ±3 | ±5 |
| 粗料石 | ±5 | ±7 |
| 毛料石 | ±10 | ±15 |

注:如设计有特殊要求,应按设计要求加工

### 三、石材的技术性能

石材有抗冻性,要求经受 15 次、25 次或 50 次冻融循环,试件无贯穿裂缝,重量损失不超过 5%,强度降低不大于 25%,石材的性能见表 2-37。

表 2-37 石材的性能

| 石 材 名 称 | 密度/(kg/m³) | 抗压强度/MPa |
|---|---|---|
| 花岗岩 | 2500～2700 | 120～250 |
| 石灰岩 | 1800～2600 | 22～140 |
| 砂岩 | 2400～2600 | 47～140 |

# 第四节　砌筑砂浆

### 一、砂浆的作用和种类

1. 作用

砂浆是单个的砖块、石块或砌块组合成砌体的胶结材料,同时又是填充块体之间缝隙的填充材料。由于砌体受力的不同和块体材料的不同,因此要选择不同的砂浆进行砌筑。所以砌筑砂浆应具备一定的强度、黏结力和工作度(或叫流动性、稠度)。它在砌体中主要起三个作用:

(1)把各个块体胶结在一起,形成一个整体;

(2)当砂浆硬结后,可以均匀地传递荷载,保证砌体的整体性;

(3)由于砂浆填满了砖石间的缝隙,对房屋起到保温的作用。

2. 种类

砌筑砂浆是由骨料、胶结料、掺合料和外加剂组成。

砌筑砂浆一般分为水泥砂浆、混合砂浆、石灰砂浆三类。

(1)水泥砂浆:水泥砂浆是由水泥和砂子按一定比例混合搅拌而成,它可以配制强度较高的砂浆。水泥砂浆一般应用于基础、长期受水浸泡的地下室和承受较大外力的砌体。

(2)混合砂浆:混合砂浆一般由水泥、石灰膏、砂子拌和而成,一般用于地面以上的砌体。混合砂浆由于加入了石灰膏,改善了砂浆的和易性,操作起来比较方便,有利于砌体密实度和工效的提高。

(3)石灰砂浆:石灰砂浆是由石灰膏和砂子按一定比例搅拌而成的砂浆,完全靠石灰的气硬而获得强度,强度等级一般达到 M0.4 或 M1.0。

(4)其他砂浆。

防水砂浆:在水泥砂浆中加入 3%～5% 的防水剂制成防水砂浆。防水砂浆应用于需要防水的砌体(如地下室墙、砖砌水池、化粪池等),也广泛用于房屋的防潮层。

嵌缝砂浆:一般使用水泥砂浆,也有用白灰砂浆的。其主要特点是砂子必须采用细砂或特细砂,以利于勾缝。

聚合物砂浆:掺入一定量高分子聚合物的砂浆,一般用于有特殊要求的砌筑物。

**二、砌筑砂浆材料**

砌筑砂浆用材料有水泥、砂子和塑化材料等。

1. 水泥

(1)水泥的种类:常用的水泥有硅酸盐水泥(代号P·Ⅰ、P·Ⅱ)、普通硅酸盐水泥(简称普通水泥,代号P·O)、矿渣硅酸盐水泥(简称矿渣水泥,代号 P·S)、火山灰质硅酸盐水泥(简称火山灰质水泥,代号 P·P)、粉煤灰硅酸盐水泥(简称粉煤灰水泥,代号 P·F)。此外,还有特殊功能的水泥,如高强、快硬、耐酸、耐热、耐膨胀等不同性质的水泥以及装饰用的白水泥等。

(2)水泥强度等级:水泥强度等级按规定龄期的抗压强度和抗折强度来划分,以 28 天龄期抗压强度为主要依据。根据水泥强度等级,将水泥分为 32.5、32.5R、42.5、42.5R、52.5、52.5R、62.5、62.5R 等几种。

(3)水泥的特性:水泥具有与水结合而硬化的特点,不但能在空气中硬化,还能在水中硬化,并继续增长强度,因此水泥属于水硬性胶结材料。水泥经过初凝、终凝,随后产生明显强度,并逐渐发展成坚硬的人造石,这个过程称为水泥的硬化。

初凝时间不少于45min,终凝时间除硅酸盐水泥不得迟于6.5h外,其他均不多于10h。

(4)水泥的保管:水泥属于水硬材料,必须妥善保管,不得淋雨受潮。贮存时间一般不宜超过 3 个月,超过 3 个月的水泥(快硬硅酸盐水泥为 1 个月),必须重新取样送验,待确定强度等级后再使用。

2. 砂子

砂子是岩石风化后的产物,由不同粒径混合组成。砂子按产源分为天然砂、机制砂两类。天然砂是自然生成的,经人工开采和筛分的粒径小于 4.75mm 的岩石颗粒,包括河砂、湖砂、山砂、淡化海砂等,但不包括软质、风化的岩石颗粒。机制砂是经除土处理,由机械破碎、筛分制成的,粒径小于 4.75mm 的岩石、矿山尾矿或工业废渣颗粒,但不包括软质、风化的颗粒,也俗称人工砂。砂按细度模数分粗、中、细三种规格,其细度模数分别为:

——粗:3.1~3.7;

——中:2.3~3.0;

——细:1.6~2.2。

对于水泥砂浆和强度等级等于或大于 M5 的水泥混合砂浆,含泥量不超过 5%;在 M5 以下的水泥混合砂浆的含泥量不超过 20%。对于含泥量较高的砂子,在使用前应过筛和用水冲洗干净。

砌筑砂浆以使用中砂为好,粗砂的砂浆和易性差,不便于操作;细砂的砂浆强度较低,一般用于勾缝。

3. 塑化材料

为改善砂浆和易性可采用塑化材料。施工中常用的塑化材料有石灰膏、电石膏、粉煤灰及外加剂等。

(1)石灰膏:生石灰经过熟化,用孔洞不大于 3mm×3mm 网滤渣后,储存在石灰池内,沉淀 14d 以上;磨细生石灰粉,其熟化时间不小于 1d,经充分熟化后即成为可用的石灰膏。严禁使用脱水硬化的石灰膏。

(2)电石膏:电石原属工业废料,水化后形成青灰色乳浆,经过泌水和去渣后就可使用,其作用同石灰膏。电石应进行 20min 加热至 700℃检验,无乙炔气味时方可使用。

(3)粉煤灰:粉煤灰是电厂排出的废料,在砌筑砂浆中掺入一定量的粉煤灰,可以增加砂浆的和易性。粉煤灰有一定的活性,因此能节约水泥,但塑化性不如石灰膏和电石膏。

(4)外加剂:外加剂在砌筑砂浆中起改善砂浆性能的作用,一般有塑化剂、抗冻剂、早强剂、防水剂等。

冬期施工时,为了增大砂浆的抗冻性,一般在砂浆中掺入抗冻剂。抗冻剂有亚硝酸钠、三乙醇胺、氯盐等多种,而最简便易行的则为氯化钠——食盐。掺入食盐可以降低拌和水的冰点,起到抗冻作用。

(5)拌和用水:拌和砂浆应采用自来水或天然洁净可供饮用的水,不得使用含有油脂类物质、糖类物质、酸性或碱性物质和经工业污染的水。拌和水的 pH 值应不小于 7,硫酸盐含量以 $SO_4^{2-}$ 计不得超过水重的 1%,海水因含有大量盐分,不能用作拌和水。

### 三、砂浆的技术要求

#### 1. 流动性

流动性也叫稠度,是指砂浆稀稠程度。

砂浆的流动性与砂浆的加水量、水泥用量、石灰膏用量、砂子的颗粒大小和形状、砂子的孔隙以及砂浆搅拌的时间等有关。对砂浆流动性的要求,可以因砌体种类、施工时大气温度和湿度等的不同而异。当砖浇水适当而气候干热时,稠度宜采用 80~100;当气候湿冷,或砖浇水过多及遇雨天,稠度宜采用 40~50;如砌筑毛石、块石等吸水率小的材料时,稠度宜采用 50~70。

#### 2. 保水性

砂浆的保水性是指砂浆从搅拌机出料后到使用在砌体上,砂浆中的水和胶结料以及骨料之间分离的快慢程度。分离快的保水性差,分离慢的保水性好。保水性与砂浆的组分配合、砂子的粗细程度和密实度等有关。一般说来,石灰砂浆的保水性比较好,混合砂浆次之,水泥砂浆较差。远距离的运输也容易引起砂浆的离析。同一种砂浆,稠度大的容易离析,保水性就差。所以,在砂浆中添加微沫剂是改善保水性的有效措施。

#### 3. 强度

水泥砂浆及预拌砌筑砂浆的强度等级可分为 M5、M7.5、M10、M15、M20、M25、M30;水泥混合砂浆的强度等级可分为 M5、M7.5、M10、M15。

#### 四、影响砂浆强度的因素

1. 配合比

配合比是指砂浆中各种原材料的比例组合,一般由试验室提供。配合比应严格计量,要求每种材料均经过磅秤称量才能进入搅拌机。

2. 原材料

原材料的各种技术性能必须经过试验室测试检定,不合格的材料不得使用。

3. 搅拌时间

砂浆必须经过充分的搅拌,使水泥、石灰膏、砂子等成为一个均匀的混合体。特别是水泥,如果搅拌不均匀,则会明显影响砂浆的强度。

#### 五、预拌砂浆

预拌砂浆系指由水泥、砂、水粉煤灰及其他矿物掺合料和根据需要添加的保水增稠材料、外加剂等组分按一定比例,在集中搅拌站(厂)经计量、拌制后,用搅拌运输车运至使用地点,放入专用容器储存,并在规定时间内使用搅拌完毕的砂浆拌和物。预拌砂浆分为湿拌砂浆和干拌砂浆两种。

1. 湿拌砂浆

(1)湿拌砌筑砂浆的砌体力学性能应符合 GB 50003 的规定,湿拌砌筑砂浆拌合物的密度不应小于 $1800kg/m^3$。

(2)湿拌砂浆性能应符合表 2-38 的要求。

表 2-38　　　　　　　　　　湿拌砂浆性能指标

| 项　　目 | | 湿拌砌筑砂浆 | 湿拌抹灰砂浆 | 湿拌地面砂浆 | 湿拌防水砂浆 |
|---|---|---|---|---|---|
| 保水率/(%) | | ≥88 | ≥88 | ≥88 | ≥88 |
| 14d 拉伸黏结强度/MPa | | — | M5:≥0.15<br>>M5:≥0.20 | — | ≥0.20 |
| 28d 收缩率/(%) | | — | ≤0.20 | — | ≤0.15 |
| 抗冻性[a] | 强度损失率/(%) | ≤25 | | | |
| | 质量损失率/(%) | ≤5 | | | |
| [a] 有抗冻性要求时,应进行抗冻性试验 | | | | | |

(3)湿拌砂浆抗压强度应符合表 2-39 的规定。

表 2-39　　　　　　　　　预拌砂浆抗压强度　　　　　　　（单位：MPa）

| 强度等级 | M5 | M7.5 | M10 | M15 | M20 | M25 | M30 |
|---|---|---|---|---|---|---|---|
| 28d 抗压强度 | ≥5.0 | ≥7.5 | ≥10.0 | ≥15.0 | ≥20.0 | ≥25.0 | ≥30.0 |

(4)湿拌防水砂浆抗渗压力应符合表 2-40 的规定。

表 2-40　　　　　　　　　预拌砂浆抗渗压力　　　　　　　（单位：MPa）

| 抗渗等级 | P6 | P8 | P10 |
|---|---|---|---|
| 28d 抗渗压力 | ≥0.6 | ≥0.8 | ≥1.0 |

(5)湿拌砂浆稠度实测值与合同规定的稠度值之差应符合表 2-41 的规定。

表 2-41　　　　　　　　湿拌砂浆稠度允许偏差　　　　　　（单位：mm）

| 规 定 稠 度 | 允 许 偏 差 |
|---|---|
| 50、70、90 | ±10 |
| 110 | −10～+5 |

(6)制备。

1)计量。

①各种固体原材料的计量均应按质量计，水和液体外加剂的计量可按体积计。

②原材料的计量允许偏差不应大于表 2-42 规定的范围。

表 2-42　　　　　　　　湿拌砂浆原材料计量允许偏差

| 序号 | 原材料品种 | 水泥 | 细集料 | 水 | 保水增稠材料 | 外加剂 | 掺合料 |
|---|---|---|---|---|---|---|---|
| 1 | 每盘计量允许偏差/(%) | ±2 | ±3 | ±2 | ±4 | ±3 | ±4 |
| 2 | 累计计量允许偏差/(%) | ±1 | ±2 | ±1 | ±2 | ±2 | ±2 |

注：累计计量允许偏差是指每一运输车中各盘砂浆的每种材料计量和的偏差

2)生产。

①湿拌砂浆应采用符合 GB/T 9142 规定的固定式搅拌机进行搅拌。

②湿拌砂浆最短搅拌时间（从全部材料投完算起）不应小于 90s。

③生产中应测定细集料的含水率，每一工作班不宜少于 1 次。

④湿拌砂浆在生产过程中应避免对周围环境的污染,搅拌站机房应为封闭式建筑,所有粉料的输送及计量工序均应在密封状态下进行,并应有收尘装置。砂料场应有防扬尘措施。

⑤搅拌站应严格控制生产用水的排放。

3)运送。

①湿拌砂浆应采用搅拌运输车运送。

②运输车在装料前,装料口应保持清洁,筒体内不应有积水、积浆及杂物。

③在装料及运送过程中,应保持运输车筒体按一定速度旋转。

④严禁向运输车内的砂浆加水。

⑤运输车在运送过程中应避免遗洒。

7)湿拌砂浆供货量以"m³"为计算单位。

2. 干混砂浆

(1)干混砌筑砂浆的砌体力学性能应符合 GB 50003 的规定,干混砌筑砂浆拌和物的密度不应小于 $1800kg/m^3$。

(2)干混砌筑砂浆、干混抹灰砂浆、干混地面砂浆、干混普通防水砂浆的抗压强度应符合表 2-43 的规定。

表 2-43　干混砂浆性能指标

| 项　　目 | 干混砌筑砂浆 | | 干混抹灰砂浆 | | 干混地面砂浆 | 干混普通防水砂浆 |
|---|---|---|---|---|---|---|
| | 普通砌筑砂浆 | 薄层砌筑砂浆[a] | 普通抹灰砂浆 | 薄层抹灰砂浆[a] | | |
| 保水率/(%) | ≥88 | ≥99 | ≥88 | ≥99 | ≥88 | ≥88 |
| 凝结时间/(h) | 3～9 | — | 3～9 | — | 3～9 | 3～9 |
| 2h稠度损失率/(%) | ≤30 | — | ≤30 | — | ≤30 | ≤30 |
| 14d 拉伸黏结强度/MPa | — | — | M5;≥0.15 >M5;≥0.20 | ≥0.30 | — | ≥0.20 |
| 28d 收缩率/(%) | — | — | ≤0.20 | ≤0.20 | — | ≤0.15 |
| 抗冻性[b] 强度损失率/(%) | ≤25 | | | | | |
| 质量损失率/(%) | ≤5 | | | | | |

[a] 干混薄层砌筑砂浆宜用于灰缝厚度不大于5mm 的砌筑;干混薄层抹灰砂浆宜用于砂浆层厚度不大于5mm 的抹灰。

[b] 有抗冻性要求时,应进行抗冻性试验

(3)干混陶瓷砖黏结砂浆的性能应符合表 2-44 的规定。

表 2-44　　　　　　干混陶瓷砖黏结砂浆性能指标

| 项　　目 | | 性 能 指 标 | |
|---|---|---|---|
| | | I(室内) | E(室外) |
| 拉伸黏结强度/MPa | 常温常态 | ≥0.5 | ≥0.5 |
| | 晾置时间,20min | ≥0.5 | ≥0.5 |
| | 耐水 | ≥0.5 | ≥0.5 |
| | 耐冻融 | — | ≥0.5 |
| | 耐热 | — | ≥0.5 |
| 压折比 | | — | ≤3.0 |

(4)计量。

1)各种原材料的计量均应按质量计。

2)原材料的计量允许偏差不应大于表 2-45 规定的范围。

表 2-45　　　　　　干混砂浆原材料计量允许偏差

| 原材料品种 | 水泥 | 集料 | 保水增稠材料 | 外加剂 | 掺合料 | 其他材料 |
|---|---|---|---|---|---|---|
| 计量允许偏差/(%) | ±2 | ±2 | ±2 | ±2 | ±2 | ±2 |

(5)生产。

1)干混砂浆宜采用符合 GB/T 9142 规定的固定式搅拌机进行搅拌混合。

2)生产中应测定干砂及轻集料的含水率,每一工作班不宜少于1 次。

3)砂浆品种更换时,混合及输送设备应清理干净。

4)干混砂浆在生产过程中应避免对周围环境的污染,所有材料的输送及计量工序均应在密封状态下进行,并应有收尘装置。砂料场应有防扬尘措施。

## 第一节 手工工具

### 一、砌筑工具

（1）大铲（图3-1）。以桃形居多，是"三一"砌筑法的关键工具，主要用于铲灰、铺灰和刮灰，也可用来调和砂浆。

（2）瓦刀（图3-2）。又称泥刀，用于涂抹、摊铺砂浆，砍削砖块，打灰条、发璇及铺瓦，也可用于校准砖块位置。

图3-1　大铲　　　　　　　　　　图3-2　瓦刀

（3）刨锛（图3-3）。打砖或做小外向锤用。

（4）托线板（图3-4）。又称靠尺板，常见规格为1.2～1.5m，与线锤配合用于检查墙面的垂直、平整度。

（5）摊灰尺（图3-5）。用于摊铺砂浆。

图3-3　刨锛　　　图3-4　托线板　　　图3-5　摊灰尺

### 二、备料及其他工具

（1）砖夹子（图3-6）。用来装卸砖块，避免对工人手指和手掌造成伤害，由施工单位用 $\phi16\mathrm{mm}$ 的钢筋锻造制成，一次可夹4块标准砖。

（2）筛子（图3-7）。用来筛砂，筛孔直径有4mm、6mm、8mm等数种。筛细砂可用铁纱窗钉在小木框上制成小筛。

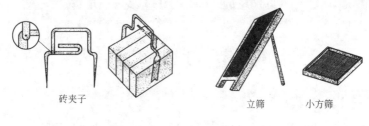

砖夹子

图 3-6　砖夹子

立筛　小方筛

图 3-7　筛子

(3)铁锹(图 3-8)。用来挖土、装车、筛砂。

(4)工具车(图 3-9)。用来运输砂浆和其他散装材料。轮轴宽度小于900mm,以便于通过门槛。

尖头铁锹　方头铁锹

图 3-8　铁锹

元宝车　翻头车

图 3-9　工具车

(5)运砖车(图 3-10)。施工单位自制,用来运输砖块,可用于砖垛多次转运,以减少破损。

(6)砖笼(图 3-11)。用塔吊吊运时,罩在砖块外面的安全罩,施工时,在底板上先码好一定数量的砖,然后把砖笼套上并固定,再起吊到指定地点。如此周转使用。

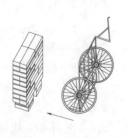

图 3-10　运砖车

图 3-11　砖笼

（7）料斗（图 3-12）。塔吊施工时吊运砂浆的工具，当砂浆吊运到指定地点后，打开启闭口，将砂浆放入贮灰槽内。

（8）灰槽（图 3-13）。供砖瓦工存放砂浆用，用 1～2mm 厚的黑铁皮制成，适用于"三一"砌法。

（9）灰桶（图 3-14）。供短距离传递砂浆及瓦工临时贮存砂浆，分木制、铁制、橡胶制三种，大小以装 10～15kg 砂浆为宜，披灰法及摊尺法操作时用。

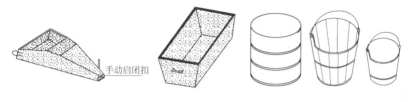

图 3-12　料斗　　　　图 3-13　灰槽　　　　图 3-14　灰桶

（10）溜子又称勾缝刀（图 3-15）。用 $\phi$8mm 钢筋打扁安木把或用 0.5～1mm 厚钢板制成，用于清水墙、毛石墙勾缝。

（11）托灰板（图 3-16）。用不易变形的木材制成，用于承托砂浆。

（12）抿子（图 3-17）。用 0.8～1mm 厚的钢板制成，并铆上执手安装木柄，用于石墙嵌缝、勾缝。

图 3-15　溜子　　　　图 3-16　托灰板　　　　图 3-17　抿子

# 第二节　机 械 设 备

## 一、砂浆搅拌机

砂浆搅拌机是砌筑工程中的常用机械，用于制备砂浆。常用规格是 0.2m³ 和 0.3m³。

## 1.砂浆搅拌机种类

砂浆搅拌机种类见表 3-1 及图 3-18、图 3-19。

表 3-1　　　　　　　　　砂浆搅拌机种类

| 机械名称 | 规格/L | 台班产量/m³ | 用　　途 |
|---|---|---|---|
| 砂浆搅拌机 | 200 和 325 | 18 和 26 | 砌筑工程量不大时,用于搅拌砌筑砂浆 |
| 混凝土搅拌机 | 200、400、500 | 24、40、50 | 工程量较大时的砌筑砂浆搅拌 |

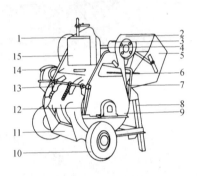

**图 3-18　砂浆搅拌机**

1—离合器;2—制动轮;3—卷扬筒;4—大轴;5—进料斗;
6—给水手柄;7—明斗升降手柄;8—机架;9—拌筒
(内装拌叶);10—行走轮;11—出料活门;12—卸料手柄;
13—三通阀;14—电动机;15—配水箱(量水器)

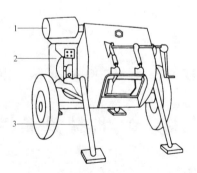

**图 3-19　混凝土搅拌机**

1—电动机;2—减速器;3—支撑

## 2.砂浆搅拌机型号及性能

砂浆搅拌机主要技术数据见表 3-2。

表 3-2　　　　　　　　　　砂浆搅拌机主要性能参数

| 技 术 指 标 | | 型　号 | | | | |
|---|---|---|---|---|---|---|
| | | HJ-200 | HJ1-200A | HJ1-200B | HJ-325 | 连续式 |
| 容量/L | | 200 | 200 | 200 | 325 | — |
| 搅拌叶片转速/(r/min) | | 30~32 | 28~30 | 34 | 30 | 383 |
| 搅拌时间/(m³/h) | | 2 | — | 2 | — | — |
| 生产率/(m³/h) | | — | — | 3 | 5 | 16m³/班 |
| 电动机 | 型号 | J02-42-4 | J02-41-6 | J02-32-4 | J02-32-4 | J02-32-4 |
| | 功率/kW | 2.8 | 3 | 3 | 3 | 3 |
| | 转速/(r/min) | 1450 | 950 | 1430 | 1430 | 1430 |
| 外形尺寸/mm | 长 | 2200 | 2000 | 1620 | 2700 | 610 |
| | 宽 | 1120 | 1100 | 850 | 1700 | 415 |
| | 高 | 1430 | 1100 | 1050 | 1350 | 760 |
| 重量/kg | | 590 | 680 | 560 | 760 | 180 |

## 二、垂直运输设备

(1)井架(绞车架)。一般用钢管、型钢支设,并配置吊篮、天梁、卷扬机,形成垂直运输系统。井架基础一般要埋在一定厚度的混凝土底板内,底板中预埋螺栓,与井架底盘连接固定。井架的顶端、中井架底盘连接固定。井架的顶端、中部应按规定设置数道缆风绳,以保证井架的稳定,见图 3-20。属多层建筑施工常用的垂直运输设备。

(2)龙门架。由于龙门架的吊篮凸出在立杆以外,所以要求吊篮周围必须设有护身栏,同时在立管上制作悬臂角钢支架,配上滚杠,作为吊篮到达使用层时临时搁放的安全装置,见图 3-21。由两根立杆和横梁构成,立杆由角钢或$\phi200\sim\phi250mm$的钢管组成,配上吊篮用于材料的垂直运输。

(3)卷扬机。卷扬机按其运转速度可分为快速和慢速两种,快速卷扬机又可分为单筒和双筒两种,为升降井架和龙门架上吊篮的动力装置。快速卷扬机钢丝绳的牵引速度为$25\sim50m/min$;慢速卷扬机为单筒式,钢丝绳的牵引速度为$7\sim13m/min$。

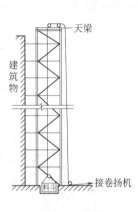

图 3-20 井架

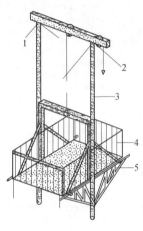

图 3-21 钢管式龙门架
1—缆风绳;2—起重索;3—立管;
4—吊篮;5—停放吊篮支承架

(4)两井三笼井架。本身稳定性较好,竖立后可以与墙体结构连接支撑,具有可以取消缆风索的优点,见图 3-22。是井架的一种组合方式,它是在两座相靠近的井架之间增设一个吊篮,使两座井架起到三座井架的作用。

(5)附壁式升降机。又叫附墙外用电梯,由垂直井架和导轨式外用笼式电梯组成,见图 3-23,用于高层建筑的施工。该设备除用于载运工具和物料外,还可乘人上下,架设安装比较方便,操作简单,使用安全。

(6)塔式起重机。塔式起重机俗称塔吊,它是由竖直塔身、起重臂、平衡臂、基座、平衡座、卷扬机及电器设备组成的较庞大的机器。能回转$360°$并具有较高的起重高度,可形成一个很大的工作空间,是垂直运输机械中工作效能较好的设备。塔式起重机有固定和行走式两类。

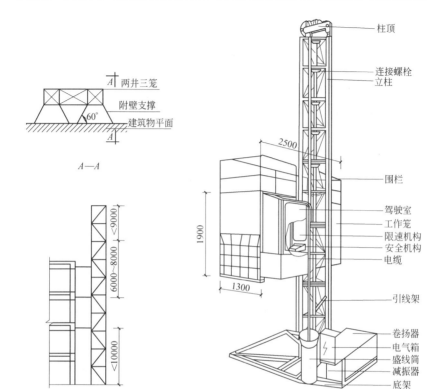

图 3-22　两井三笼井架(单位:mm)

图 3-23　附壁式升降机(单位:mm)

### 三、砌块施工机械

(1)台灵架。由起重拉杆、支架、底盘和卷扬机等部件所组成,有矩形和正方形两种形状。主要用于起吊和安装砌块,它可以自行制作,常用的台灵架构造如图 3-24 所示。

(2)木桅杆低层建筑工程的砌块安装,可采用木桅杆,但需加强安全措施,注意安全操作,并系牢缆风绳。

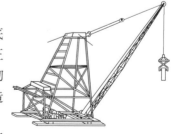

图 3-24　台灵架

# 第三节 检测工具

## 一、检测工具

(1)钢卷尺(图 3-25)。砌筑工操作宜选用 2m 的钢卷尺。应选用有生产许可证的厂家生产的钢卷尺。钢卷尺主要用来量测轴线尺寸、位置及墙长、墙厚,还有门窗洞口的尺寸、留洞位置尺寸等等。

(2)托线板和线锤(图 3-26)。又称靠尺板,用于检查墙面垂直和平整度。由施工单位用木材自制,长 1.2~1.5m;也有铝制商品,线锤吊挂测垂直度用,主要与托线板配合使用。

图 3-25 钢卷尺　　　图 3-26 托线板和线锤

(3)塞尺(图 3-27)。塞尺与托线板配合使用,以测定墙、柱的垂直、平整度的偏差。塞尺上每一格表示厚度方向为 1mm。

(4)水平尺和准线(图 3-28)。用铁和铝合金制成,中间镶嵌玻璃水准管,用来检查砌体对水平位置的偏差。准线是指砌墙时拉的细线。一般使用直径为 0.5~1mm 的小白线、麻线、尼龙线或弦线,用于砌体砌筑时拉水平用;另外也可用来检查水平缝的平直度。

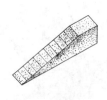

 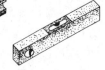

图 3-27 塞尺　　　　　图 3-28 水平尺和准线

(5)百格网(图 3-29)。用于检查砌体水平缝砂浆饱满度的工具。可用钢丝编制锡焊而成,也有在有机玻璃上划格而成,其规格为一块标准砖的大面尺寸。将其长度方向各分成 10 格,画成 100 个小格,故称百格网。

(6)方尺(图 3-30)。用木材制成边长为 200mm 的 90°角尺,有阴角和阳角两种,分别用于检查砌体转角的方整程度。

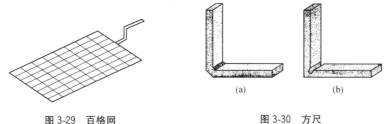

图 3-29　百格网

图 3-30　方尺

(7)龙门板(图 3-31)。龙门板是在房屋定位放线后,砌筑时定轴线、中心线的标准。施工定位时一般要求板顶面的高程即为建筑物的相对标高±0.000。在板上划出轴线位置,以画"中"字示意,板顶面还要钉一根 20～25mm 长的钉子。

(8)皮数杆(图 3-32)。皮数杆是砌筑砌体在高度方向的基数。皮数杆分为基础用和地上用两种。

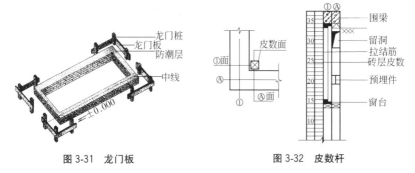

图 3-31　龙门板

图 3-32　皮数杆

## 二、常用检测设备

1.砂浆稠度测定仪

砂浆稠度测定仪,见图 3-33,用于检测砂浆配合比和砂浆稠度。

2.砂浆分层度测定仪

砂浆分层度测定仪,见图 3-34,测定砂浆拌和物在运输、修改、使用过程中离析、泌水等内部组分的稳定性。

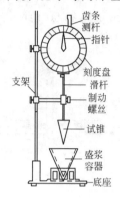

图 3-33　砂浆稠度测定仪

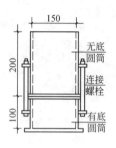

图 3-34　砂浆分层度测定仪

3. 贯入式砂浆强度检测设备

贯入法检测砂浆强度使用的仪器,包括贯入式砂浆强度检测仪和贯入深度测量表。

(1)贯入式砂浆强度检测仪,见图 3-35。贯入仪的技术要求:贯入力应为 $800\pm8N$,工作行程应为 $20\pm0.10mm$。

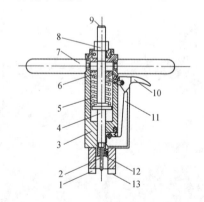

图 3-35　贯入仪构造示意图

1—扁头;2—测钉;3—主体;4—贯入杆;5—工作弹簧;6—调整螺母;7—把手;
8—螺母;9—贯入杆外端;10—扳机;11—挂钩;12—贯入杆端面;13—扁头端面

(2)贯入深度测量表,见图 3-36。测量表技术要求:最大量程应为

20±0.02mm,分度值应为 0.01mm。

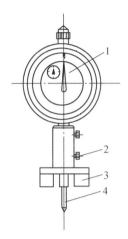

图 3-36　贯入深度测量表示意图

1—百分表;2—锁紧螺钉

3—扁头;4—测头

4.砂浆回弹仪

砂浆回弹仪是用于推定烧结普通砖或烧结多孔砖砌体中砌筑砂浆的强度,回弹仪见图 3-37。

墙体水平灰缝砌筑不饱满或表面粗糙且无法磨平时,不得采用砂浆回弹法检测砂浆强度。砂浆回弹仪的主要技术性能指标应符合表 3-3的要求,其示值系统宜为指针直读式。

表 3-3　　　　　　　　　砂浆回弹仪主要技术性能指标

| 项　目 | 指　标 |
|---|---|
| 标称动能/J | 0.196 |
| 指针摩擦力/N | 0.5+0.1 |
| 弹击杆端部球面半径/mm | 25±1.0 |
| 钢砧率定值/R | 74±2 |

5.承压筒

承压筒,见图 3-38,用于检测烧结普通砖墙中砌筑砂浆的强度。

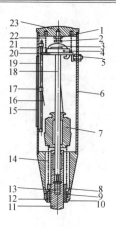

图 3-37 回弹仪

1—紧固螺母;2—调零螺钉;3—挂钩;4—挂钩销子;5—按钮;6—机壳;7—弹击锤;
8—拉簧壳;9—卡环;10—密封毡圈;11—弹击杆;12—盖帽;13—缓冲压簧;14—弹击拉簧;
15—刻度尺;16—指针片;17—指针块;18—中心导杆;19—指针轴;20—导向法兰;
21—拉钩压簧;22—压簧;23—尾盖

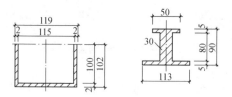

图 3-38 承压筒剖面图

6. 砂浆试模

砂浆试模,见图 3-39,用来制作砌筑砂浆试件。

规格:70.7mm×70.7mm×70.7mm。

图 3-39 砂浆试模

7. 原位轴压法

采用原位压力机在墙体上进行抗压测试,检测砌体抗压强度的方法。

8. 扁式液压顶法

采用扁式液压千斤顶在墙体上进行抗压测试,检测砌体的受压应力、弹性模量、抗压强度的方法,简称扁顶法。

9. 切制抗压试件法

从墙体上切割、取出外形几何尺寸为标准抗压砌体试件,运至试验室进行抗压测试的方法。

10. 原位砌体通缝单剪法

在墙体上沿单个水平灰缝进行抗剪测试,检测砌体抗剪强度的方法,简称原位单剪法。

11. 原位双剪法

采用原位剪切仪在墙体上对单块或双块顺砖进行双面抗剪测试,检测砌体抗剪强度的方法。

12. 推出法

采用推出仪从墙体上水平推出单块丁砖,测得水平推力及推出砖下的砂浆饱满度,以此推定砌筑砂浆抗压强度的方法。

13. 筒压法

将取样砂浆破碎、烘干并筛分成符合一定级配要求的颗粒,装入承压筒并施加筒压荷载,检测其破损程度(筒压比),根据筒压比推定砌筑砂浆抗压强度的方法。

14. 砂浆片剪切法

采用砂浆测强仪检测砂浆片的抗剪强度,以此推定砌筑砂浆抗压强度的方法。

15. 砂浆回弹法

采用砂浆回弹仪检测墙体、柱中砂浆表面的硬度,根据回弹值和碳化深度推定其强度的方法。

16. 点荷法

在砂浆片的大面上施加点荷载,推定砌筑砂浆抗压强度的方法。

17. 砂浆片局压法

采用局压仪对砂浆片试件进行局部抗压测试,根据局部抗压荷载值推定砌筑砂浆抗压强度的方法。

18. 烧结砖回弹法

采用专用回弹仪检测烧结普通砖或烧结多孔砖表面的硬度,根据回弹值推定其抗压强度的方法。

# 第四章 砌筑施工操作方法

## 第一节 砂浆拌制操作

### 一、施工工艺流程

本工艺流程见图 4-1。

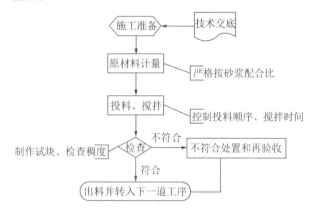

图 4-1 砂浆施工工艺流程图

### 二、操作要求

1. 搅拌要求

(1)水泥混合砂浆。

1)机械搅拌:当掺加料为粉状时,将称量好的砂、粉状掺加料投入搅拌机加适量水搅拌 30s 后加入水泥和水继续搅拌,搅拌时间不少于 2min。当掺加料为膏状时,将称量好的砂、膏状掺加料投入搅拌机加适量水搅拌 30s 后加入水泥和水继续搅拌,搅拌时间不少于 2min。

2)人工搅拌(零星砂浆搅拌时可使用):当掺加料为粉状时,先将称量好的砂摊在拌灰坪上,再加入称量好的水泥及粉状掺加料,搅拌均匀,然后加水搅拌均匀后使用。当掺加料为膏状时,先将称量好的砂摊在拌灰坪上,再加入称量好的水泥搅拌均匀,同时将石灰膏(或其他膏状掺加料)加水拌成稀浆,再混合搅拌至均匀。

(2)水泥砂浆。

1)机械搅拌:将称量好的砂、水泥投入搅拌机干拌 30s 后加水,自加水时计时,搅拌时间不少于 2min。

2)人工搅拌(零星砂浆搅拌时可使用):先将称量好的砂摊在拌灰坪上,再加入称量好的水泥,搅拌均匀,然后加水搅拌均匀后使用。

(3)掺外加剂水泥砂浆。

1)机械搅拌:掺液体外加剂的水泥砂浆,应先将水泥、砂干拌 30s 混合均匀后,将混有外加剂的水倒入干混料中继续搅拌;掺固体外加剂的水泥砂浆应先将水泥、砂和固体外加剂干拌 30s 混合均匀后,将水倒入其中继续搅拌。从开始加水起计时,搅拌时间不少于 3min。有特殊要求时,搅拌时间或搅拌方式也可按外加剂产品说明书的技术要求确定。

2)人工搅拌(零星砂浆搅拌时可使用):掺液体外加剂的水泥砂浆,先将称量好的砂摊在拌灰坪上,后加入称量好的水泥,搅拌均匀,再将混有外加剂的水倒入继续搅拌;掺固体外加剂的水泥砂浆应先将称量好的水泥、砂和固体外加剂搅拌均匀后,加水继续搅拌至均匀。

2.技术要求

(1)水泥混合砂浆。

1)砌筑砂浆应通过试配确定配合比,当砌筑砂浆的组成材料有变化或设计强度等级变更时,应重新进行配合比试配,并出具新的配合比报告单。

2)施工中当采用水泥砂浆代替水泥混合砂浆时,应重新确定水泥强度等级及砂浆配合比。

3)试配时砌筑砂浆的分层度、试配抗压强度、稠度必须同时满足要求。石灰膏、黏土膏和电石膏的用量,应按稠度为 120±5mm 时计量。

(2)水泥砂浆技术要求同水泥混合砂浆。水泥砂浆的最小水泥用量不应小于 $200kg/m^3$(砌筑水泥除外)。

(3)掺外加剂水泥砂浆技术要求同水泥混合砂浆。施工中当采用掺外加剂的水泥砂浆代替水泥混合砂浆时,应重新确定砂浆强度等级及配合比。

3.计量要求

(1)砂浆现场搅拌时,应严格按配合比对其原材料进行重量计量。

1)水泥、外加剂等配料精确度应控制在±2%以内。

2)砂、水、掺加料(石灰膏、电石膏、粉煤灰)等组分的配料精确度应控制在±5%以内。砂应计入其含水量对配料的影响。

(2)计量器具应经相关单位校验,并在其校准有效期内,保证其精度符合要求。

**三、季节性施工要求**

1.冬期施工

(1)砂浆宜用普通硅酸盐水泥或砌筑水泥拌制。

(2)拌制砂浆所用的砂,不得含有直径大于 10mm 的冻结块或冰块。

(3)拌和砂浆时,水的温度不得超过 80℃,砂的温度不得超过 40℃,搅拌时应先将水、砂、外加剂先行搅拌,然后加入水泥拌和均匀使用。

(4)石灰膏等膏状掺加料应采取防冻措施,防止冻结。

2.雨期施工

雨天施工时,砂浆稠度应适当减小。

# 第二节　砌筑操作方法

**一、"三一"砌砖法**

"三一"砌砖法又称铲灰挤砌法,其基本操作是"一铲灰、一块砖、一揉压"。

1.步法

操作时,人应顺墙体斜站,左脚在前离墙约 150mm,右脚在后距墙及左脚跟 300~400mm。砌筑方向是由前往后退着走,以便可以随时检查已砌好的砖墙是否平直。砌完 3~4 块砖后,左脚后退一大步(700~800

mm),右脚后退半步,人斜对墙面可砌筑约 500mm,砌完后左脚后退半步,右脚后退一步,恢复到开始砌砖时位置,如图 4-2 所示。

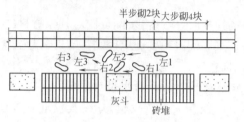

图 4-2 "三一"砌砖法的步法

2. 铲灰取砖

铲灰时应先用铲底摊平砂浆表面,便于掌握吃灰量,然后用手腕横向转动来铲灰,减少手臂动作,取灰量要根据灰缝厚度,以满足一块砖的需要量为准。取砖时应随拿砖随挑选好下块砖。左手拿砖,右手铲砂浆,同时拿起来,以减少弯腰次数,争取砌筑时间。

3. 铺灰

铺灰可用方形大铲或桃形大铲。方形大铲的形状、尺寸与砖面的铺灰面积相似。铺灰动作可分为甩、溜、丢、扣等。砌顺砖时,当墙砌得不高且距操作处较远,一般采用溜灰方法铺灰;当墙砌得较高且近身砌砖,常用扣灰方法铺灰;此外,还可采用甩灰方法铺灰,如图 4-3 所示。

砌丁砖时,当墙砌得较高且近身砌砖,常用丢灰方法铺灰;其他情况下,还经常采用扣灰方法铺灰,如图 4-4 所示。

图 4-3 砌顺砖时铺灰        图 4-4 砌丁砖时铺灰

不论采用哪种铺灰动作,都要求铺出的灰条要近似砖的外形,长度比一块砖稍长 10~20mm,宽 80~90mm,灰条距墙外面约 20mm,并与前一块砖的灰条相接。

4.揉挤

左手拿砖在已砌好的砖前 30～40mm 处开始平放摊挤,并用手轻揉。揉砖时,眼要上边看线,下边看墙皮,左手中指随即同时伸下,摸一下上、下砖棱是否齐平。砌好一块砖后,随即用铲将挤出的砂浆刮回,放在竖缝中或投入灰斗内。揉砖的目的主要是使砂浆饱满。铺在砖面

图 4-5 揉砖

上的砂浆如果较薄,揉的劲要小些;砂浆较厚时,揉的劲要大一些,并且根据已铺砂浆的位置要前后揉或左右揉。总之,以揉到“下齐砖棱,上齐线”为适宜,要做到平齐、轻放、轻揉,如图 4-5 所示。

5.“三一”砌砖法适合砌筑部位

“三一”砌砖法适合于砌窗间墙、砖柱、砖垛、烟囱等较短的部位。

**二、铺灰挤砌法**

铺灰挤砌法是用铺灰工具铺好一段砂浆,然后进行挤浆砌砖的操作方法。

铺灰工具可采用灰勺、大铲或瓢式铺灰器等。挤浆砌砖可分双手挤浆和单手挤浆两种。

1.双手挤浆法

步法:操作时,人将靠墙的一只脚站定,脚尖稍偏向墙边,另一只脚向斜前方踏出 400mm 左右(随着砌砖动作灵活移动),使两脚很自然地站成“T”字形。身体离墙约 70mm,胸部略向外倾斜。这样,转身拿砖、挤砌和看棱角都灵活方便。操作者总是沿着砌筑方向前进,每前进一步能砌 2 块顺砖长。

铺灰:用灰勺时,每铺一次砂浆用瓦刀摊平。用灰勺、大铲或瓦刀铺砂浆时,应力求砂浆平整,防止出现沟槽空隙,砂浆铺得应比墙厚稍窄,形成缩口灰。

拿砖:拿砖时,要先看好砖的方位及大小面,转身踏出半步拿砖,先动靠墙这只手,另一只手跟着上去(有时两手同时取砖)。拿砖后退回成“T”字形,身体转向墙身;选好砖的棱角和掌握好砖的正面,即进行挤浆。

挤砌:由靠墙的一只手先挤砌,另一只手迅速跟着挤砌。如砌丁砖,当手上拿的砖与墙上原砌的砖相距 50～60mm 时,把砖的一侧抬起约 40mm,将砖插入砂浆中,随即将砖放平,手掌不要用力挤压,只需依靠砖的倾斜自坠力压住砂浆,平推前进。如砌顺砖,当手上拿的砖与墙上原砌的砖相距约 130mm 时,把砖的一头抬起约 40mm,将砖插入砂浆中,随即将砖放平,手掌不要用力挤压,只需依靠砖的倾斜自坠力压住砂浆,平推前进。若竖缝过大,可用手掌稍加压力,将灰缝压实至 10mm 为止。然后看准砖面,如有不平,用手掌加压,使砖块平整;由于顺砖长,因而要特别注意砖块下齐边、上平线,以防墙面产生凹进凸出和高低不平现象,如图 4-6 所示。

2. 单手挤浆法

步法:操作时,人要沿着砌筑方向退着走,左手拿砖,右手拿瓦刀(或大铲)。操作前按双手挤浆的站立姿势站好,但要离墙面稍远一点。

铺灰、拿砖:动作要点与双手挤浆相同。

挤砌:动作要点与双手挤浆相同,如图 4-7 所示。

图 4-6 双手挤浆砌丁砖

图 4-7 单手挤浆砌顺砖

铺灰挤砌法适合砌筑部位。

铺灰挤砌法适合于砌筑混水和清水长墙。

### 三、满刀灰刮浆法

满刀灰刮浆法是用瓦刀铲起砂浆刮在砖面上,再进行砌筑。刮浆一般分四步,如图 4-8 所示。满刀灰刮浆法砌筑质量较好,但生产效率较低,仅用于砌砖拱、窗台、炉灶等特殊部位。

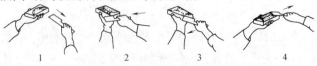

图 4-8 满刀灰刮浆法

#### 四、"二三八一"砌筑法

"二三八一"砌筑法是瓦工在砌砖过程中一种比较科学的砌砖方法,它包括了瓦工在砌砖过程中人体的各个部位的运动规律。其中:"二"指两种步法,即丁字步和并列步;"三"指三种弯腰身法,即侧身弯腰、丁字步弯腰和正弯腰;"八"指八种铺浆手法,即砌顺砖时用甩、扣、泼和溜四种手法,砌丁砖时用扣、溜、泼和一带二四种手法;"一"指一种挤浆动作,即先挤浆揉砖,后刮余浆。

1. 步法

丁字步。砌筑时,操作者背向砌筑的前进方向,站成丁字步,边砌边后退靠近灰槽。这种方法也称"拉槽"砌法。

并列步。操作者砌到近身墙体时,将前腿后移半步成并列步面向墙体,又可以完成500mm墙体的砌筑。砌完后将后腿移至另一灰槽近处,进而又站成丁字步,恢复前一砌筑过程的步法。

丁字步和并列步循环往复,使砌砖动作有节奏地进行。

2. 身法

侧身弯腰。铲灰、拿砖时用侧身弯腰动作,身体重心在后腿,利用后腿微弯、肩斜、手臂下垂使铲灰的手很快伸入灰槽内铲取砂浆,同时另一手完成拿砖动作。

正弯腰。当砌筑部位离身体较近时,操作者前腿后撤半步由侧身弯腰转身成并列步正弯腰动作,完成铺灰和挤浆动作,身体重心还原。

丁字步弯腰。当砌筑部位离身体较远时,操作者由侧身弯腰转身成丁字步弯腰,将后腿伸直,身体重心移至前腿,完成铺灰和挤浆动作。

砌筑身法应随砌筑部位的变化配合步法进行有节奏地交替变换,使动作不仅连贯,而且可以减轻腰部的劳动强度。

3. 铺灰手法

(1)砌顺砖的四种铺灰手法是"甩、扣、泼和溜"。

1)甩:当砌筑离身体较远且砌筑面较低的墙体部位时,铲取均匀条状砂浆,大铲提升到砌筑位置,铲面转成90°,顺砖面中心甩出,使砂浆呈条状均匀落下,用手腕向上扭动配合手臂的上挑力来完成。

2)扣:当砌筑离身体较近且砌筑面较高的墙体部位时,铲取均匀条状砂浆,反铲扣出灰条,铲面运动轨迹正好与"甩"相反,是手心向下折回动作,用手臂前推力扣落砂浆。

3)泼:当砌筑离身体较近及身体后部的墙体部位时,铲取扁平状均匀的灰条,提升到砌筑面时将铲面翻转,手柄在前平行推进泼出灰条。动作比"甩"和"扣"简单,熟练后可用手腕转动成"半泼半甩"动作,代替手臂平推。"半泼半甩"动作范围小,适用于快速砌砖。泼灰铺出灰条成扁平状,灰条厚度为 15mm,挤浆时放砖平稳,比"甩"灰条挤浆省力;也可采用"远甩近泼",特别在砌到墙体的尽端,身体不能后退,可将手臂伸向后部用"泼"的手法完成铺灰。

4)溜:当砌角砖时,铲取扁平状均匀的灰条,将大铲送到墙角,抽铲落灰,使砌角砖减少落地灰。

(2)砌丁砖的四种铺灰手法是"扣、溜、泼和一带二"。

1)扣:当砌一砖半的里丁砖时,铲取灰条前部略低,扣出灰条外口略高,这样挤浆后灰口外侧容易挤严,扣灰后伴以刮虚尖动作,使外口竖缝挤满灰浆。

2)溜:当砌丁砖时,铲取扁平状灰条,灰铲前部略高,铺灰时手臂伸过准线,铲边比齐墙边,抽铲落灰,使外口竖缝挤满灰浆。

3)泼:当用里脚手砌外清水墙的丁砖时,铲取扁平状灰条,泼灰时落灰点向里移动 20mm,挤浆后形成内凹 10mm 左右的缩口缝,可省去刮舌头灰和减少划缝工作量。

4)一带二:当砌丁砖时,由于碰头缝的面积比顺砖的大一倍,这样容易使外口竖缝不密实。以前操作者先在灰槽处抹上碰头灰,然后再铲取砂浆转身铺灰,每砌一块砖,就要做两次铲灰动作,而且增加了弯腰的时间。如果把抹碰头灰和铺灰两个动作合二为一,在铺灰时,将砖的丁头伸入落灰处,接打碰头灰,使铺灰和打碰头灰同时完成。用一个动作代替两个动作,故称为"一带二"。

以上八种铺灰手法,要求落灰点准,铺出灰条均匀一次成型,从而减少铺灰后再做摊平砂浆等多余动作。

4.挤浆

挤浆时,应将砖面满在灰条 2/3 处,挤浆平推,将高出灰缝厚度的砂浆推挤入竖缝内。挤浆时应有个"揉砖"的动作。这样,砌顺砖时,竖缝灰浆基本上可以挤满;砌丁砖时,能挤满 2/3 的高度,剩余部分由砌上皮砖时通过挤揉可使砂浆挤入竖缝内。挤揉动作,可使平缝、竖缝都能充满砂浆,不仅提高砖块之间的黏结力,而且极大地提高墙体的抗剪强度。

砌砖是一项具有技巧性的体力劳动,它涉及操作者手、眼、身、腰、步五个方面的活动。采用复合肌肉活动,消除多余动作,是用力合理又简单易学的砌砖方法。

# 第五章 | 砌筑工程施工质量安全管理

## 第一节　砌筑工程施工质量要求

### 一、砌筑工程施工质量验收要求

砌筑工程施工质量验收,应按照国家标准《建筑工程施工质量验收统一标准》(GB 50300—2013)和《砌体结构工程施工质量验收规范》(GB 50203—2011)相关要求执行。

### 二、砌筑工程应注意的质量常见问题

#### 1.砌筑砂浆

(1)砂浆配制时,对各组分材料应采用重量计量,并确保各种材料的计量误差在规定范围内,搅拌时间应符合相关规定,避免因砂浆配合比不准而影响质量。

(2)为保证砂浆配合比的准确,在配置砂浆时要做到砂和散装水泥车过磅,外加剂以及冬期掺加防冻剂应由专人计量。

#### 2.砖砌体

(1)立皮数杆时,抄平放线要准确,钉皮数杆的木桩要牢固。皮数杆的树立完后,要进行一次水平标高全面的复验,确保皮数杆标高一致。在施工中应注意保护皮数杆,经常检查复核,确保皮数杆标高的正确。

(2)皮数杆的树立,一要保证数量和方位要求,二要牢固,不得贴在构造柱的钢筋上,砌筑时必须对照皮数杆铺垫砂浆以保证水平灰缝均匀、避免接槎处不平。

(3)砌筑基础应挂线砌筑,且一砖半墙及以上时必须双面挂线,大放脚两边收退要均匀,砌到基础墙身时,再次复核墙的轴线和边线,保持墙身的垂直,以防基础墙身位移。

(4)砌筑时每层砖都要做到与皮数杆对平,通线要绷紧拉平,同时砌筑要注意左右两侧,避免接槎处高低不平,水平灰缝厚度不一致。

(5)留槎要正确,砌体的转角和交接处应同时砌筑,否则应砌成斜

楼。砌体临时间断处的高差不得超过一步架。

（6）排砖时必须把立缝排匀，砌完一步架高度，每隔 2m 间距在丁砖立楞处用托线板吊直弹线，二步架往上继续吊直弹线，由底往上所有七分头的长度应保持一致，上层分窗口位置必须同下窗口保持竖直，以避免出现清水墙游丁走缝。

3. 砌块砌体

（1）砌体黏结不牢：原因是砌块浇水、清理不好，砌块砌筑时一次铺砂浆的面积过大，校正不及时；砌块在砌筑使用的前一天，应充分浇水湿润，随吊运又时将砌块表面清理干净；砌块就位后应及时校正，紧跟着用砂浆（或细石混凝土）灌竖缝。

（2）第一皮砌块底铺砂浆厚度不均匀：原因是基底未事先用细石混凝土找平标高，必然造成砌筑时灰缝厚度不一，应注意砌筑基底找平。

（3）拉结钢筋或压砌钢筋网片不符合设计要求：应按设计和相关规范的规定，设置拉结带和拉结钢筋及压砌钢筋网片。

（4）砌体错缝不符合设计和相关规范的规定：未按砌块排列组砌图施工。应注意砌块的规格并正确地组砌。

（5）砌体偏差超规定：控制每皮砌块高度不准确。应严格按皮数杆高度控制，掌握铺灰厚度。

4. 砌体构造柱

（1）构造柱外砖墙应砌成马牙槎并应正确设置拉结筋。从柱脚砌砖开始，两侧都应先退后进，当马牙槎深 120mm 时，宜第一皮进60mm，再上一皮进 120mm，以保证混凝土浇筑时角部密实。构造柱内的落地灰、砖渣等杂物必须清理干净，防止混凝土内夹渣。

（2）外砖内模墙体砌筑时，在窗间墙上、抗震柱两边分上、中、下留出 60mm×120mm 通孔，在抗震柱外墙面上垫木模板，用花篮螺栓与大模板连接牢固。混凝土要分层浇筑，振捣棒不可直接触及外墙。楼层圈梁外 3 皮 120mm 砖墙也应认真加固。如在振捣时发现砖墙已鼓胀，则应及时拆掉重砌。

5. 石砌体

（1）石砌体所用石块应质地坚实，无风化剥落和裂纹。石块表面的泥垢和影响黏结的水锈等杂质应清除干净。

(2)石砌体应采用铺浆法砌筑。砂浆必须饱满,其饱满度不小于80%。

(3)立皮数杆前先测出所砌部位基础标高误差。当每一层灰缝厚度大于20mm时,应用细石混凝土铺垫。

(4)砌筑时必须认真跟线。在满足墙体里外皮错缝搭接的前提下,尽可能将石块较平整的大面朝外砌筑。不规则毛石块未经修凿不得使用。

### 三、砌筑工程成品保护措施

1. 砖砌体的成品保护措施

(1)砌筑过程中或砌筑完毕后,未经有关质量管理人员复查之前,对轴线桩、水平桩或龙门板应注意保护,不得碰撞或拆除。

(2)基础墙回填土,应两侧同时进行,暖气沟墙未填土的一侧应加支撑,防止回填时挤歪挤裂。回填土应分层夯实,不允许向槽内灌水取代夯实。回填土运输时,先将墙顶保护好,不得在墙上推车,损坏墙顶和碰撞墙体。

(3)墙体拉结筋、抗震构造柱钢筋、大模板混凝土墙体钢筋及各种预埋件,暖、卫、电气管线及套管等,均应注意保护,不得任意拆改、弯折或损坏。

(4)砂浆稠度应适宜,砌筑过程中要及时清理,防止砂浆溅脏墙面。

(5)尚未安装楼板或屋面板的墙和柱,当可能遇到大风时,应采取临时支撑等措施,以保证施工中墙体的稳定性。

(6)在吊放平台脚手架或安装模板时,应防止碰撞已砌好的墙体。

(7)在进料口周围,应用塑料布或木板等遮盖,以保持墙面清洁。

2. 混凝土小型空心砌块砌体的成品保护措施

(1)装卸小砌块时,严禁倾卸丢掷,并应堆放整齐。

(2)在砌体砌块上,不宜拉锚缆风绳,不宜吊挂重物,也不宜作为其他施工临时设施、支撑的支撑点,如果确实需要时,应采取有效的构造措施。

(3)砌块和楼板吊装就位时,避免冲击已砌完的墙体。

(4)其他成品保护措施参见本章第一节中的相关内容。

**3.石砌体的成品保护措施**

(1)避免在已完成的砌体上修凿石块和堆放石料;砌筑挡土墙时,严禁居高临下抛石,冲击已砌好的墙体。

(2)墙体表面要清理干净,不得在墙上开凿孔洞;在垂直运输井架进出料口周围及细料石墙、柱、垛应用塑料纺织布、草帘或木板遮盖,防止沾污墙面。

(3)门窗、过梁底部的模板应在灰缝砂浆强度达到设计规定的70%以上时,方可拆除。

(4)在夏季高温和冬季低温下施工时,应用草袋或草垫适当覆盖墙体,避免砂浆中水分蒸发过快或受冻破坏。

(5)石砌体砌筑完成后,未经有关人员的检查验收,轴线桩、水准桩、皮数杆应加以保护,不得碰坏拆除。

(6)砌体中埋设的构造筋应注意保护,不得随意踩踏弯折。

(7)料石柱砌筑完后,应立即加以围护,严禁碰撞。

**4.填充墙砌体的成品保护措施**

(1)砌体砌筑完成后,未经有关人员的检查验收,轴线桩、水准桩、皮数杆应加以保护,不得碰坏拆除。

(2)砌块运输和堆放时,应轻吊轻放,堆放高度不得超过1.6m,堆垛之间应保持适当的通道。

(3)水电和室内设备安装时,应注意保护墙体,不得随意凿洞。填充墙上设备洞、槽应在砌筑时同时留设,漏埋或未预留时,应使用切割机切槽,埋设完毕后用C15混凝土灌实。

(4)不得使用砌块做脚手架的支撑,拆除脚手架时,应注意保护墙体及门窗口角。

(5)墙体拉结筋、抗震构造柱钢筋,暖、卫、电气管线及套管等,均应注意保护,不得任意拆改、弯折或损坏。

(6)砂浆稠度应适宜,砌筑过程中要及时清理,防止砂浆溅脏墙面。

**5.配筋砖砌体的成品保护措施**

(1)钢筋在堆放过程中,要保持钢筋表面洁净,不允许有油渍、泥土或其他杂物污染钢筋;贮存期不宜过久,以防钢筋锈蚀。钢筋网及构造柱、圈梁钢筋如采用预制钢筋骨架时,应在现场指定地点垫平堆放。

(2)在砖墙上支设圈梁模板时,防止碰动最上一皮砖。模板支设应保证钢筋不受扰动。

(3)避免踩踏、碰动已绑扎好的钢筋;绑扎构造柱和圈梁钢筋时,不得将砖墙和梁底砖碰松动。

(4)浇筑混凝土时,防止漏浆掉灰污染清水墙面。

(5)当浇筑构造柱混凝土时,振捣棒应避免直接碰触砖墙,并不得碰动钢筋、埋件,防止发生位移。

(6)散落在楼板上的混凝土应及时清理干净。

(7)其他成品保护措施参见本知识要点其他相关条款内容。

# 第二节　砌筑工程施工安全知识

## 一、现场施工安全管理基本知识

安全生产与质量第一对建筑施工企业同等重要。建筑施工企业必须设有专门的安全生产职能部门,采用有力措施,强化职工的安全意识。建筑施工安全管理的主要任务有以下几个方面:

### 1. 强化安全法规常识

(1)工人上岗前必须签订劳动合同。《中华人民共和国劳动法》规定:"建立劳动关系应当订立劳动合同。劳动合同是劳动者与用人单位确立劳动关系、明确双方权利和义务的协议。"

(2)工人上岗前的"三级"安全教育。新进场的劳动者必须经过上岗前的"三级"安全教育,即公司教育、项目教育和班组教育。

(3)重新上岗、转岗应再次接受安全教育。转换工作岗位和离岗后重新上岗人员,必须得新经过三级安全教育后才允许上岗工作。

(4)必须佩戴上岗证。进入施工现场的人员,胸前都必须佩戴安全上岗证,证明已经受过安全生产教育,考试合格。

(5)特种作业人员必须经过专门安全培训并取得特种作业资格。特种作业是指对操作者本人和其他工种作业人员以及对周围设施的安全有重大危害因素的作业。

《劳动法》规定："从事特种作业的劳动者,必须经过专门培训,并取得特种作业资格。"

(6)发生事故要立即报告。发生事故要立即向上级报告,不得隐瞒不报。

2.加强劳动保护,确保施工安全

(1)进入施工现场必须正确戴好安全帽。

(2)凡直接从事带电作业的劳动者,必须穿绝缘鞋,戴绝缘手套,防止发生触电事故。从事电、气焊作业的电、气焊工人,必须戴电、气焊手套,穿绝缘鞋和使用护目镜及防护面罩。

3.加强临时用电安全管理

(1)电气设备和线路必须绝缘良好。施工现场所有电气设备和线路的绝缘必须良好,接头不准裸露。当发现有接头裸露或破皮漏电时,应及时报告,不得擅自处理以免发生触电事故。

(2)用电设备要一机一闸,一漏一箱。施工现场的每台用电设备都应该有自己专用的开关箱,箱内刀闸(开关)及漏电保护器只能控制一台设备,不能同时控制两台或两台以上的设备,否则容易发生误操作事故。

(3)电动机械设备的检查。现场的电动机械设备包括:电锯、电刨、电钻、卷扬机、搅拌机、钢筋切断机、钢筋拉伸机等。为了确保运行的安全,作业前必须按规定进行检查,试运转;作业完,拉闸断电,锁好电闸箱,防止发生意外事故。

(4)施工现场安全电压照明。施工现场室内的照明线路与灯具的安装高度低于 2.4m 时,应采用 36V 安全电压。

施工现场使用的手持照明灯(行灯)的电压应采用 36V 安全电压。在 36V 电线上也严禁乱搭乱挂。

4.加强高处作业安全管理

(1)遇到大雾,大雨和 6 级以上大风时,禁止高处作业。高处作业时,脚手板的宽度不得小于 20cm。

(2)高处作业人员要经医生检查合格后才准上岗,作业人员在进行上下立体交叉作业时,不得在上下同一垂直面上作业。下层作业位置必须处于上层作业物体可能坠落范围之外,当不能满足时,上下层之间应设隔离防护层,下方操作人员必须戴安全帽。

5.加强垂直运输设备的安全管理

(1)使用龙门架,井字架时运散料应装箱或装笼。运长料时,不得超出吊篮;在吊篮内立放时,应捆绑牢固,防止坠落伤人。

(2)外用电梯禁止超载运行。外用电梯为人、货两用电梯。限定载人数量及载物重量的标牌应悬挂在明显处,以便提醒乘梯人员及运送物料不得超限。同时,司机也要注意观察上人和上料情况,防止超载运行。

6.抓好现场文明施工管理

施工现场应当实现科学管理,文明施工,安全生产,确保施工人员安全和健康。

(1)施工现场必须严格执行安全交底制度。每道施工工序作业前,都要进行安全技术交底。

(2)材料要分规格、种类堆放,不得侵占现场道路。

(3)施工现场危险位置应悬挂相应的"安全标志"。

(4)作业现场要做到活完场清、工完料净。

(5)注意环境整洁。

**二、现场施工安全操作基本规定**

1.杜绝"三违"现象

员工遵章守纪,是实现安全生产的基础。员工在生产过程中,不仅要有熟练的技术,而且必须自觉遵守各项操作规程和劳动纪律,远离"三违"。即违章指挥、违章操作、违反劳动纪律。

(1)违章指挥:企业负责人和有关管理人员法制观念淡薄,缺乏安全知识,思想上存有侥幸心理,对国家、集体的财产和人民群众的生命安全不负责任。明知不符合安全生产有关条件,仍指挥作业人员冒险作业。

(2)违章作业:作业人员没有安全生产常识,不懂安全生产规章制度和操作规程,或者在知道基本安全知识的情况下。在作业过程中,违反安全生产规章制度和操作规程,不顾国家、集体的财产和他人、自己的生命安全,擅自作业,冒险蛮干。

(3)违反劳动纪律:上班时不知道劳动纪律,或者不遵守劳动纪律,违反劳动纪律进行冒险作业,造成不安全因素。

2. 牢记"三宝"和"四口、五临边"

(1)"三宝"指安全帽、安全带、安全网。安全帽、安全带、安全网是工人的三件宝,只有正确佩戴和使用,才可以保证个人安全。

(2)"四口"指楼梯口、电梯井口、预留洞口、通道口。"五临边"是指"尚未安装栏杆的阳台周边,无外架防护的层面周边,框架工程楼层周边,上下跑道及斜道的两侧边,卸料平台的侧边"。

"四口、五临边"是施工现场最危险和最容易发生事故的地方,因此对施工现场重要危险部位进行正确的防护,可以有效地减少事故发生,为工人作业提供一个安全的环境。

3. 做到"三不伤害"

"三不伤害"是指"不伤害自己,不伤害他人,不被他人伤害"。

施工现场每一个操作人员和管理人员都要增强自我保护意识,同时也要对安全生产自觉负起监督的责任,才能达到开展全员安全的目的。

施工时经常有上下层或者不同工种不同队伍互相交叉作业的情况,施工作业人员要避免这时候发生危险。相互间协调好,上层作业时,要对作业区域围蔽,有人值守,防止人员进入作业区下方。此外落物伤人,也是工地经常发生的事故之一,施工作业人员时刻记住,进入施工现场,一定要戴好安全帽。作业过程中,观察周围,不伤害他人,也不被他人伤害,这是工地安全的基本原则。自己不违章,只能保证不伤害自己,不伤害别人。要做到不被别人伤害,这就要求作业人员自己要及时制止他人违章,制止他人违章既保护了自己,也保护了他人。

4. 加强"三懂三会"能力

即懂得本岗位和部门有什么火灾危险性,懂得灭火知识,懂得预防措施;会报火警,会使用灭火器材,会处理初起火灾。

5. 掌握"十项安全技术措施"

(1)按规定使用安全"三宝"。

(2)机械设备防护装置一定要齐全有效。

(3)塔吊等起重设备必须有限位保险装置,不准"带病"运转,不准超负荷作业,不准在运转中维修保养。

(4)架设电线线路必须符合当地电业局的规定,电气设备必须全部接零接地。

(5)电动机械和手持电动工具要设置漏电保护器。

(6)脚手架材料及脚手架的搭设必须符合规程要求。

(7)各种缆风绳及其设置必须符合规程要求。

(8)在建工程的楼梯口、电梯口、预留洞口、通道口,必须有防护设施。

(9)严禁赤脚或穿高跟鞋、拖鞋进入施工现场,高空作业不准穿硬底和带钉易滑的鞋靴。

(10)施工现场的悬崖、陡坎等危险地区应设警戒标志,夜间要设红灯示警。

6. 施工现场行走或上下的"十不准"

(1)不准从正在起吊、运吊中的物件下通过。

(2)不准从高处往下跳或奔跑作业。

(3)不准在没有防护的外墙和外壁板等建筑物上行走。

(4)不准站在小推车等不稳定的物体上操作。

(5)不得攀登起重臂、绳索、脚手架、井字架、龙门架和随同运料的吊盘及吊装物上下。

(6)不准进入挂有"禁止出入"或设有危险警示标志的区域、场所。

(7)不准在重要的运输通道或上下行走通道上逗留。

(8)未经允许不准私自进入非本单位作业区域或管理区域,尤其是存有易燃易爆物品的场所。

(9)严禁在无照明设施,无足够采光条件的区域、场所内行走、逗留。

(10)不准无关人员进入施工现场。

7.做到"十不盲目操作"

做到"十不盲目操作",是防止违章和事故的基本操作要求。

(1)新工人未经三级安全教育,复工换岗人员未经安全岗位教育,不盲目操作。

(2)特殊工种人员、机械操作工未经专门安全培训,无有效安全上岗操作证,不盲目操作。

(3)施工环境和作业对象情况不清,施工前无安全措施或作业安全交底不清,不盲目操作。

(4)新技术、新工艺、新设备、新材料、新岗位无安全措施,未进行安全培训教育、交底,不盲目操作。

(5)安全帽和作业所必需的个人防护用品不落实,不盲目操作。

(6)脚手、吊篮、塔吊、井字架、龙门架、外用电梯、起重机械、电焊机、钢筋机械、木工平刨、圆盘锯、搅拌机、打桩机等设施设备和现浇混凝土模板支撑、搭设安装后,未经验收合格,不盲目操作。

(7)作业场所安全防护措施不落实,安全隐患不排除,威胁人身和国家财产安全时,不盲目操作。

(8)凡上级或管理干部违章指挥,有冒险作业情况时,不盲目操作。

(9)高处作业、带电作业、禁火区作业、易燃易爆作业、爆破性作业、有中毒或窒息危险的作业和科研实验等其他危险作业的,均应由上级指派,并经安全交底;未经指派批准、未经安全交底和无安全防护措施,不盲目操作。

(10)隐患未排除,有自己伤害自己、自己伤害他人、自己被他人伤害的不安全因素存在时,不盲目操作。

8."防止坠落和物体打击"的十项安全要求

(1)高处作业人员必须着装整齐,严禁穿硬塑料底等易滑鞋、高跟鞋,工具应随手放入工具袋中。

(2)高处作业人员严禁相互打闹,以免失足发生坠落事故。

(3)在进行攀登作业时,攀登用具结构必须牢固可靠,使用必须正确。

(4)各类手持机具使用前应检查,确保安全牢靠。洞口临边作业应防止物件坠落。

(5)施工人员应从规定的通道上下,不得攀爬脚手架、跨越阳台,在非规定通道进行攀登、行走。

(6)进行悬空作业时,应有牢靠的立足点并正确系挂安全带;现场应视具体情况配置防护栏网、栏杆或其他安全设施。

(7)高处作业时,所有物料应该堆放平稳,不可放置在临边或洞口附近,并不可妨碍通行。

(8)高处拆除作业时,对拆卸下的物料、建筑垃圾都要加以清理和及时运走,不得在走道上任意乱置或向下丢弃,保持作业走道畅通。

(9)高处作业时,不准往下或向上乱抛材料和工具等物件。

(10)各施工作业场所内,凡有坠落可能的任何物料,都应先行撤除或加以固定,拆卸作业要在设有禁区、有人监护的条件下进行。

9.防止机械伤害的"一禁、二必须、三定、四不准"

(1)一禁。不懂电器和机械的人员严禁使用和摆弄机电设备。

(2)二必须。

1)机电设备应完好,必须有可靠有效的安全防护装置。

2)机电设备停电、停工休息时必须拉闸关机,按要求上锁。

(3)三定。

1)机电设备应做到定人操作,定人保养、检查。

2)机电设备应做到定机管理、定期保养。

3)机电设备应做到定岗位和岗位职责。

(4)四不准。

1)机电设备不准带病运转。

2)机电设备不准超负荷运转。

3)机电设备不准在运转时维修保养。

4)机电设备运行时,操作人员不准将头、手、身伸入运转的机械行程范围内。

10."防止车辆伤害"的十项安全要求

(1)未经劳动、公安交通部门培训合格持证人员,不熟悉车辆性能者不得驾驶车辆。

（2）应坚持做好例保工作，车辆制动器、喇叭、转向系统、灯光等影响安全的部件如作用不良不准出车。

（3）严禁翻斗车、自卸车车厢乘人，严禁人货混装，车辆载货应不超载、超高、超宽，捆扎碰牢同可靠，应防止车内物体失稳跌落伤人。

（4）乘坐车辆应坐在安全处，头、手、身不得露出车厢外，要避免车辆启动制动时跌倒。

（5）车辆进出施工现场，在场内掉头、倒车，在狭窄场地行驶时应有专人指挥。

（6）现场行车进场要减速，并做到"四慢"，即：道路情况不明要慢，线路不良要慢，起步、会车、停车要慢，在狭路、桥梁弯路、坡路、岔道、行人拥挤地点及出入大门时要慢。

（7）在临近机动车道的作业区和脚手架等设施，以及在道路中的路障应加设安全色标、安全标志和防护措施，并要确保夜间有充足的照明。

（8）装卸车作业时，若车辆停在坡道上，应在车轮两侧用楔形木块加以固定。

（9）人员在场内机动车道应避免右侧行走，并做到不平排结队有碍交通；避让车辆时，应不避让于两车交会之中，不站于旁有堆物无法退让的死角。

（10）机动车辆不得牵引无制动装置的车辆，牵引物体时物体上不得有人，人不得进入正在牵引的物与车之间，坡道上牵引时，车和被牵引物下方不得有人作业和停留。

**11."防止触电伤害"十项安全操作要求**

根据安全用电"装得安全、拆得彻底、用得正确、修得及时"的基本要求，为防止触电伤害的操作要求有：

（1）非电工严禁拆接电气线路、插头、插座、电气设备、电灯等。

（2）使用电气设备前必须要检查线路、插头、插座、漏电保护装置是否完好。

（3）电气线路或机具发生故障时，应找电工处理，非电工不得自行修理或排除故障。

(4)使用振捣器等手持电动机械和其他电动机械从事湿作业时,要由电工接好电源,安装上漏电保护器,操作者必须穿戴好绝缘鞋、绝缘手套后再进行作业。

(5)搬迁或移动电气设备必须先切断电源。

(6)搬运钢筋、钢管及其他金属物时,严禁触碰到电线。

(7)禁止在电线上挂晒物料。

(8)禁止使用照明器烘烤、取暖,禁止擅自使用电炉和其他电加热器。

(9)在架空输电线路附近工作时,应停止输电,不能停电时,应有隔离措施,要保持安全距离,防止触碰。

(10)电线必须架空,不得在地面、施工楼面随意乱拖,若必须通过地面、楼面时应有过路保护,物料、车、人不准压踏碾磨电线。

12.施工现场防火安全规定

(1)施工现场要有明显的防火宣传标志。

(2)施工现场必须设置临时消防车道。其宽度不得小于3.5m,并保证临时消防车道的畅通,禁止在临时消防车道上堆物、堆料或挤占临时消防车道。

(3)施工现场必须配备消防器材,做到布局合理。要害部位应配备不少于4具的灭火器,要有明显的防火标志,并经常检查、维护、保养、保证灭火器材灵敏有效。

(4)施工现场消火栓应布局合理,消防干管直径不小于100mm,消火栓处昼夜要设有明显标志,配备足够的水龙带,周围3m内不准存放物品。地下消火栓必须符合防火规范。

(5)高度超过24m的建筑工程,应安装临时消防竖管。管径不得小于75mm,每层设消火栓口,配备足够的水龙带。消防水要保证足够的水源和水压,严禁消防竖管作为施工用水管线。消防泵房应使用非燃材料建造,位置设置合理,便于操作,并设专人管理,保证消防供水。消防泵的专用配电线路应引自施工现场总断路器的上端,要保证连续不间断供电。

(6)电焊工、气焊工从事电气设备安装的电、气焊切割作业,要有操作证和用火证。用火前,要对易燃、可燃物采取清除、隔离等措施,配备看火人员和灭火器具,作业后必须确认无火源隐患后方可离去。用火证当日有效。用火地点变换,要重新办理用火证手续。

(7)氧气瓶、乙炔瓶工作间距不小于 5m,两瓶与明火作业距离不小于 10m。建筑工程内禁止氧气瓶、乙炔瓶存放,禁止使用液化石油气"钢瓶"。

(8)施工现场使用的电气设备必须符合防火要求。临时用电必须安装过载保护装置,电闸箱内不准使用易燃、可燃材料。严禁超负荷使用电气设备。

(9)施工材料的存放、使用应符合防火要求。库房应采用非燃材料支搭,易燃易爆物品应专库储存,分类单独存放,保持通风,用电符合防火规定。不准在工程内、库房内调配油漆、烯料。

(10)工程内部不准作为仓库使用,不准存放易燃、可燃材料,因施工需要进入工程内部的可燃材料,要根据工程计划限量进入并采取可靠的防火措施。废弃材料应及时消除。

(11)施工现场使用的安全网、密目式安全网、密目式防尘网、保温材料,必须符合消防安全规定,不得使用易燃、可燃材料。

(12)施工现场严禁吸烟,不得在建设工程内部设置宿舍。

(13)施工现场和生活区,未经有关部门批准不得使用电热器具。严禁工程中明火保温施工及宿舍内明火取暖。

(14)从事油漆粉刷或防水等危险作业时,要有具体的防火要求,必要时派专人看护。

(15)生活区的设置必须符合消防管理规定。严禁使用可燃材料搭设,宿舍内不得卧床吸烟,房间内住 20 人以上必须设置不少于 2 处的安全门;居住 100 人以上,要有消防安全通道及人员疏散预案。

(16)生活区的用电要符合防火规定。食堂使用的燃料必须符合使用规定,用火点和燃料不能在同一房间内,使用时要有专人管理,停火时将总开关关闭,经常检查有无泄漏。

**三、砌筑工安全操作要求**

(1)在深度超过 1.5m 砌基础时,应检查槽帮有无裂缝、水浸或坍塌的隐患。送料、砂浆要设有溜槽,严禁向下猛倒和抛掷物料工具等。

(2)距槽帮上口 1m 以内,严禁堆积土方和材料。砌筑 2m 以上深基础时,应设有梯或坡道,不得攀跳槽、沟、坑上下,不得站在墙上操作。

(3)砌筑使用的脚手架,未经交接验收不得使用。验收使用后不准随便拆改或移动。

(4)在架子上用刨锛斩砖,操作人员必须面向里,把砖头斩在架子上。挂线用的坠物必须绑扎牢固。作业环境中的碎料、落地灰、杂物、工具集中下运,做到日产日清、自产自清、活完料净场地清。

(5)脚手架上堆放料量不得超过规定荷载(均布荷载每平方米不得超过 3kN,集中荷载不超过 1.5kN)。

(6)采用里脚手架砌墙时,不准站在墙上清扫墙面和检查大角垂直等作业。不准在刚砌好的墙上行走。

(7)在同一垂直面上上下交叉作业时,必须设置安全隔离层。

(8)用起重机吊运砖时,当采用砖笼往楼板上放砖时,要均匀分布,并必须预先在楼板底下加设支柱及横木承载。砖笼严禁直接吊放在脚手架上。

(9)在地坑、地沟砌砖时,严防塌方并注意地下管线、电缆等。在屋面坡度大于 25°时,挂瓦必须使用移动板梯,板梯必须有牢固挂钩。檐口应搭设防护栏杆,并立挂密目安全网。

(10)屋面上瓦应两坡同时进行,保持屋面受力均衡,瓦要放稳。屋面无望板时,应铺设通道,不准在桁条、瓦条上行走。

(11)在石棉瓦等不能承重的轻型屋面上作业时,必须搭设临时走道板,并应在屋架下弦搭设水平安全网,严禁在石棉瓦上作业和行走。

(12)冬季施工有霜、雪时,必须将脚手架等作业环境的霜、雪清除后方可作业。

下

篇

# 砌筑工岗位操作技能

# 第六章　基础砌筑

## 第一节　砖基础砌筑操作

### 一、施工顺序

检查放线→垫层标高修正→摆底→放脚(收退)→正墙→检查,抹防潮层完成基础。

### 二、检查放线

基槽开挖及灰土或混凝土垫层已完成,并经验收合格,办完检验手续。砖基础大放脚摆底前先检查基槽尺寸、垫层的厚度和标高,及时修正基槽边坡偏差和垫层标高偏差。其次检查垫层上弹好的墨线正确与否,皮数杆是否立好,如龙门板已经拆除,则基槽边坡上应弹有中心线。

砖基础应根据轴线,弹出大放脚基础的边线,在立好的基础皮数杆上要标明大放脚收退要求及防潮层位置等,如图 6-1 所示,然后按此摆底。

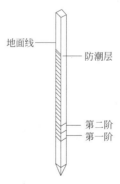

地面线———防潮层

第二阶
第一阶

图 6-1　基础皮数杆

### 三、垫层标高修正

根据皮数杆最下面一层砖的标高,拉线检查基础垫层表面标高是否合适。如果高低偏差值较大,如第一层砖的水平灰缝大于 20mm 时,则要用 C10 细石混凝土找平,严禁在砂浆中加细石及砍砖包合子找平;当偏差值比较小时,可在砌筑过程中逐皮纠正。找平层修正宽度应两边各大于大放脚 50mm,找平层应平整,以保证上部砖大放脚首皮砖为整块砖,而且水平灰缝厚度控制在 10mm 左右。

### 四、摆底

垫层标高修正符合规定,则可以开始排砖摆底。排砖就是按照基底尺寸线和已定的组砌方式,不用砂浆,把砖在一段长度内整个干摆一层,排时考虑竖直灰缝的宽度,要求山墙摆成丁砖、檐墙摆成顺砖。因设计尺寸是以 100 为模数,砖是以 125 为模数,两者有矛盾,要通过排砖来解决。在排砖中要把转角、墙垛、洞口、交接处等不同部位排得既合砖的模数,又合乎设计的模数,要求接槎合理、操作方便。

排完砖,用砂浆把干摆的砖砌起来,称为摆底。对摆底的要求,一是不能使排好的砖的位置发生移动,要一铲灰一块砖的砌筑;二是必须严格按皮数杆标准砌筑。

基础大放脚的摆底,关键要处理好大放脚的转角,处理好檐墙和山墙相交接槎部位。为满足大放脚上下皮错缝要求,基础大放脚的转角处要放七分头,七分头应在山墙和檐墙两处分层交替放置,不论底下多宽,都按此规律,一直退至实墙,再按墙的排砌法砌筑。基础大放脚转角处的排砌法见图 6-2。

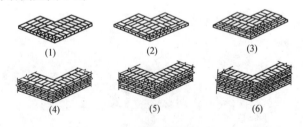

(1) (2) (3) (4) (5) (6)

**图 6-2  大放脚排砖法**

等高式大放脚是每两皮一收,每次收进 1/4 砖(角 120mm 高收 60mm 宽),其 $n/t=2.0$;不等高式大放脚是两层一收及一层一收交错进行,每次收 60mm,其 $n/t=1.5$,见图 6-3。

砖基础大放脚摆放宜先从摆放转角开始,先摆转角,转角摆通后,砌几皮砖再以转角为标准,以山丁檐跑的方法摆通全墙身,按皮数双面拉水平线进行首皮大放脚的摆底工作。

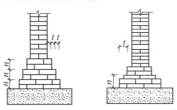

图 6-3 砖基础剖面图

### 五、放脚(收退)

砖基础大放脚摆底完成后,即开始砌筑大放脚,砌筑大放脚重点要掌握好大放脚的收退方法。砌基础大放脚的收退,应遵循"退台压顶"的原则,宜采用"一顺一丁"的砌法,退台的每台阶上面一皮砖为丁砖,有利于传力,砌筑完毕填土时也不易将退台砖碰掉。间隔式大放脚收一皮处,应以丁砌为主。基础大放脚的退台从转角开始,每次退台必须用卷尺量准尺寸,中间部分的退台应按照大角处拉准线进行,不得用目测估算或砖块比量,以防出现偏差。

### 六、正墙

基础大放脚收退结束即为正墙身。砖基础大放脚收退到正墙身处,砌基础墙最后一皮砖也要求用丁砖排砌。

砖基础正墙砌筑,作为承上启下的部分,对质量要求较高,应掌握的要点是,随时检查垂直度、平整度和水平标高。基础墙的墙角,每次砌筑高度不超过五皮砖,随盘角随靠平吊直,以保证墙身横平竖直。砌墙应挂通线,24cm墙外面挂线,37cm墙以上应双面挂线。

沉降缝、防震缝两边的墙角应按直角要求砌筑。先砌的墙要把舌头灰刮尽,后砌的墙可采用缩口灰的方法。掉入缝内的砂浆和杂物,应随时清除干净。

基础墙上的各种预留孔洞、埋件、接槎的拉结筋,应按设计要求留置,不得事后开凿。

承托暖气沟盖板的挑檐砖及上一层压砖,均应用丁砖砌筑。主缝碰头灰要打严实。挑檐砖层的标高必须准确。

基础分段砌筑必须留踏步槎,分段砌筑的相差高度不得超过1.2m。

管沟和预留孔洞的过梁,其标高、型号必须安放正确,坐灰饱满。如坐灰厚度超过20mm时应用细石混凝土铺垫。

基础灰缝必须密实,以防止地下水的侵入。各层砖与皮数杆要保持一致,偏差不得大于±1cm。

### 七、检查、抹防潮层、完成基础

砖基础正墙结束(砌到±0.000以下60mm)时,应及时检查轴线位置、垂直度和标高,检查合格后做防潮层。

防潮层应作为一道工序来单独完成,不允许在砌墙砂浆中添加防水剂进行砌砖来代替防潮层。

防潮层所用砂浆一般采用1∶2水泥砂浆加水泥含量3%～5%的防水剂搅拌而成。如使用防水粉,应先把粉剂搅拌成均匀的稠浆后添加到砂浆中去。

抹防潮层时,应先将墙顶面清扫干净,浇水湿润。在基础墙顶的侧面抄出水平标高线,然后用直尺夹在基础墙两侧,尺上平按平线找准,然后摊铺砂浆,一般20mm厚,待初凝后再用水抹子收压一遍,做到平、实,表面光滑。

# 第二节　毛石基础砌筑操作

### 一、施工顺序

检查放线→垫层标高修正→摆底→收退→正墙→抹找平层和结束摆底。

### 二、检查放线

毛石基础大放脚摆底前,应及时做好基槽的检查与修正偏差,基槽边坡的修正。

毛石基础大放脚应放出基础的轴线和边线,立好基础皮数杆,并标明退台及分层砌石的高度,皮数杆之间要拉上准线。阶梯形基础应定出立线和卧线,立线是控制基础大放脚每阶的宽度,卧线是控制每层高度及平整度,并逐层向上移动,见图6-4。当砌矩形或梯形截面的基础时,按照设计尺寸,用50mm×50mm的小木条钉成基础截面形状,称样架,立于基槽两端,在样架上注明标高,两端样架相应标高用准线连接,作为砌筑的依据,见图6-4。

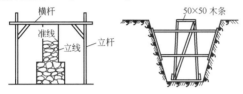

图6-4 立杆与截面样架图

### 三、垫层标高修正

毛石基础大放脚垫层标高要利用皮数杆拉线,检查垫层标高(水平)是否合适,如果高低偏差比较大,则要用C10细石混凝土找平。

### 四、摆底

毛石基础大放脚,应根据放出的边线进行摆底工作,类似砖基础大放脚。毛石基础大放脚的摆底,关键要处理好大放脚的转角,作好檐墙和横墙(山墙)丁字相交接槎部位的处理。大角处应选择比较方正的石块砌筑,通常称放角石,角石应三个面比较平整。外形比较方正,并且高度适合大放脚收退的断面高度。角石立好后,以此石厚为基准把水平线挂在这石厚高度处,再依线摆砌外侧皮毛石和内侧皮毛石,这两种毛石要有所选择,至少有两个面较平整,使底面窝砌平稳,外侧面平齐。外皮毛石摆砌好后,再填中间的毛石(俗称腹石)。

### 五、收退

毛石基础收退,应掌握错缝搭砌的原则。

第一台砌好后应适当找平,再把立线收到第二个台阶,每阶高度一般为300~400mm,并至少二皮毛石,第二阶毛石收退砌筑时,要拿石块错缝试摆,上级阶梯的石块应至少压砌下级阶梯的1/2,相邻阶梯的毛石应相互错缝搭砌,阶梯形毛石基础每阶收退宽度不应大于200mm,如图6-5所示。

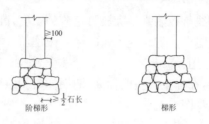

图 6-5　毛石基础

　　每砌完一级台阶(或一层),其表面必须大致平整,不能有尖角、驼背、放置不稳等现象。如有高出标高的石尖,可用手锤修正。毛石底座浆应饱满,一般砂浆先虚铺 4~5cm 厚,然后把石块砌上去,利用石块的重量把砂浆挤摊开来铺满石块的底面。

### 六、正墙

　　毛石基础大放脚收退到正墙身处,同样应做好复位和抄平工作,并引中心线到大放脚顶面和墙角侧边再分出边线。基础正墙主要依据基础上的墨线和在墙角处竖立的标高杆(相当于砖墙砌筑中的皮数杆)进行砌筑。

　　毛石墙基础的正墙砌筑,要求确保墙体的整体性和稳定性,每一层石块和水平方向间隔 1m 左右,要砌一层贯通墙厚压住内外皮毛石的拉结石(亦称满墙石),或至少压满墙厚 2/3,能拉住内外石块。上下层拉结石应呈梅花状互相错开,防止砌成夹心墙。夹心墙严重影响墙体的牢固和稳定,对质量很不利,如图 6-6 所示。

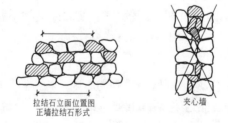

拉结石立面位置图
正墙拉结石形式　　　　夹心墙

图 6-6　正墙砌筑

　　正墙时还应注意,墙中洞口应预留出来,不得砌完凿洞。沉降缝处应分两段砌,不应搭接。毛石基础正墙身一般砌到室外自然地坪下 100mm。

**七、抹找平层和结束摆底**

毛石基础正墙身的最上一皮摆放,应选用较为直长、上表面平整的毛石作为顶砌块,顶面找平一般抹 50mm 的 C20 细石混凝土,其表面要加防水剂抹光。

基础墙身石缝应用小抿子将石缝嵌填密实,找平结束即完成摆底全部工作,正墙表面应加强养护。

# 第七章　砖砌体砌筑

## 第一节　普通砖砌体砌筑操作

### 一、清水墙角

1.砌筑工序

准备工作→确定组砌方法→排砖撂底→盘角留槎→检查角的垂直、兜方、游丁走缝→继续组砌至标高。

2.施工要点

(1)准备工作。

1)施工准备。因6m以上高度的清水墙角要达到垂直平整、外观清晰美观,操作前必须对基层(在底层墙即对基础)进行放线检查,如轴线边线是否兜方,各墙角处的皮数杆同层标高是否一致。

2)材料准备。清水墙对砖的外形质量比混水墙要求高,砖应达到尺寸准确,棱角方正,不缺不碎,砖的色泽还应一致。砂的粒径级配应符合中砂要求,应避免颗粒过大而使灰缝厚薄不匀,使外墙水平缝不均匀而失去美观。其他材料准备和砌一般砖墙相同。

3)操作准备。对基层的检查如发现不符合要求的应进行纠正。如第一皮砖的灰缝过大,则均应用C20细石混凝土找平至与皮数杆相吻合的位置,检查相配合的脚手架是否符合使用要求。随后进行砂浆拌制,砖块运至操作地点,轻装轻卸。

(2)确定组砌方法。一般清水墙的组砌形式是以外观达到美观为原则,大多采用满丁满条或梅花丁的组砌形式。一般遵循内檐沿跑来盘角,同时要考虑七分头的位置是放在第一块还是放在第二块,整个的组砌必须与全部排砖撂底结合考虑。

(3)排砖。撂底排砖是对角的两延伸墙(山墙或檐墙)全部进行排砖,砖与砖之间空出竖向灰缝的1cm左右的厚度。排砖时要考虑墙身上的窗口位置,窗间墙是否赶上砖的整数(俗称是否好活),如果安排不合适可以适当调整窗口位置 1～2cm,使墙面排砖合理。

通过排砖对砌墙(特别是大角)做到心中有数。撂底工作在排砖的基础上进行,关键是要做到保证上部砌筑灰缝均匀适当。

(4)墙角砌筑。6m 以上清水墙角砌筑的特点是高度较高、垂直度和游丁走缝难以掌握,同时还影响檐墙和山墙砌筑的准确性。因此,砌好 6m 以上高度的清水墙角,除必须有熟练的基本功和运用所掌握的操作要领外,还要在操作中一丝不苟地认真检查。

清水墙大角应先砌筑 1m 高左右,在砌筑时挑选棱角方正和规格较好的砖砌筑。大角处用的七分头一定要打制准确,其七分头长度应为180mm。有条件的可事先用砂轮锯切好,达到美观的效果。盘砌大角的人员应相对固定,最好由下而上一个人操作,避免因经常变动人员,工艺手法不同造成大角垂直度的不稳定。

(5)墙角检查。操作时要随时检查墙角。检查墙角时,由于砖墙高,吊线绳摆动幅度比较大,所以要选用比较大的线锤;眼力吊线时要求身体站正,头颈不动,眼睛顺线或墙角向下移动,使吊线角度不变。

施工中也可以用经纬仪检查墙角的垂直度,如多层房屋在每砌完一层楼高以后,用经纬仪放置在大角附近,对准大角转动竖向度盘来检查每层或几层墙的大角垂直度。利用经纬仪可弹出丁线走缝线,纠正游丁走缝。而在砌单层高大厂房大角时,为保证其垂直度,也可以每砌5m 左右,用经纬仪检查,达到控制垂直、纠正偏差的目的。检查次数多,垂直度就容易得到保证。初砌大角时,吊线纠正垂直度后,还可以用兜方检查,以保证大角交角为 90°的要求。

3. 砌筑要点

检查完毕可继续往上砌筑。清水墙角的砌筑,外观质量要求非常高,关键在于砌筑时要选好砖,应选用外观整齐、无缺棱掉角、色泽均匀一致的砖砌筑在外墙面,较次的砖用于里墙面的砌筑。缝要做到横平竖直,尤其是上下皮砖的头缝要在同一竖直线上,从而使外观有挺拔感。另外清水砖墙必须勾缝,所以砌完几层砖要用刮缝工具把灰缝刮进砖口 1～1.2cm,清扫干净以备勾缝。

## 二、清水方柱

1. 砌筑工序

方柱定位→选择组砌方法→砌筑→检查→继续砌筑。

2. 施工要点

(1)方柱定位。根据设计图样上的各个砖柱的位置从龙门板上或其他标志上引出柱子的定位轴线,弹出柱子的中心线,并以中心线弹出各柱尺寸线,用兜方尺复准。

(2)选择组砌方法。清水方柱砌筑前应先选择组砌方法,根据方柱的断面尺寸预排砖。

排砖时应遵循的原则是:无论选择哪种砌法,都应使柱面上下皮砖的竖缝相互错开 1/2 砖长或 1/4 砖长,柱心无通天缝,少打砖,严禁包心砌法(即先砌四周后填心的砌法)。干摆 2~4 皮样砖,使排列方法符合原则要求,则可以正式砌筑。清水方柱排列方法见图 7-1。

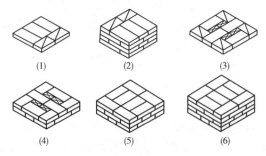

(1)   (2)   (3)

(4)   (5)   (6)

**图 7-1　方柱样砖排列图**

(3)砌筑。要选用边角整齐、规格一致、质量较好的砖,砌砖柱外皮时,差的砖砌在柱内。砖柱的皮数控制可立固定皮数杆,还可以用流动皮数杆检查高低情况。砖口四周表面要水平一致,较大断面的方柱可用水平尺检查砖上口四条边的水平情况。在同一轴线上的砖柱应先砌两头的角柱,然后拉通线,依次砌中间部分的柱,这样易于控制砖的皮数,进出高低一致。其他关于灰缝、操作等方面的要求与砌筑清水墙相同。

(4)检查、继续砌筑。砌筑到 3~5 皮砖时,必须要砌得方正、灰缝均匀,四角要用吊线锤和托线板检查,修正偏差,再用兜方尺复准兜方,用水平尺复准平面水平度,方柱应棱角方正,四面垂直平整。全部修正后,向上逐皮叠砌,以后每砌筑 10 皮砖左右,再用同样方式检查一次。

### 三、清水砖墙勾缝的弹线、开补

清水砖墙外墙面的美观要求较高,由于砖墙灰缝不可能完全达到横平竖直,从而影响砖墙的整齐美观,所以勾缝时往往要弹线、开补。

墙面弹线、开补方法和要求是:先将墙面清理冲刷干净,再用与砖墙面同样颜色的青煤或矾红刷色,然后弹线。弹线时,要先拉通麻线,检查水平灰缝的高低,用粉线袋根据实际确定的灰缝大小弹出灰缝的双线,再用吊线锤从上向下检查灰缝的左右,根据水平灰缝的宽度弹出垂直灰缝的双线,线弹好后就可以进行灰缝的开补。灰缝偏差较大的要用扁凿开凿两边,凿开一条假砖缝,偏差较小的可以一面开凿。砖墙面的缺角裂缝或凹缝较大的要嵌补。

开补一般先开补水平缝,再开补垂直缝,最后进行墙面勾缝。灰缝开补要求平直,嵌补材料常用水泥砂浆或水泥纸筋灰浆,再根据砖块颜色掺入青煤或矾红调和。

砖缝开补好后即可进行勾缝,清水墙勾缝必须做到凹凸缝形明显、转角处方正,缝要紧密光洁,不得有漏洞、孔洞和明显裂缝等。墙面要保持整洁,及时清扫。

### 四、空斗墙砌筑

1. 空斗墙砌筑工序

准备工作→排砖摆底→砌筑→检查质量→结束施工。

2. 准备工作

准备工作可分为材料准备和技术准备。

(1)材料准备。

应选用边角整齐、规格一致、颜色均匀、无挠曲和裂缝的整砖。砖的强度不低于 MU7.5,砂浆宜用不低于 M1.0 的石灰混合砂浆。

(2)技术准备。

1)在熟悉图样的基础上,复核基础墙的轴线和标高,安排好门窗洞口尺寸,同时检查基础墙的水平,并找平。因空斗墙是采用披灰砌筑,难以从灰缝中调整、找平。因此,必须检查皮数杆的空斗皮数是否符合要求,对斗皮和卧皮一定要根据砖的实际情况排好。

2)基础往上勒脚部分,必须用实心砖墙砌筑,皮数杆应符合要求。

3)根据设计图样确定几斗几眠,做好有关部位的相应衔接,安排好洞口的镶边和标高。

4)砖块在砌筑前一天浇水润湿。

5)按照图样确定的几斗几眠先进行排砖,要把墙的转角和交结处排好,把门口和窗口按砖的模数安排合适,并应在转角处、丁字交接处使上下皮均互相搭砌(见图7-2)。排砖不足整砖处,可加砌丁砖平砖砌筑,不得采取砍凿斗砖砌筑。

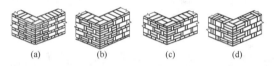

图 7-2  空斗墙转角组砌图

(a)一眠一斗砌法;(b)一眠二斗砌法;(c)一眠三斗砌法;(d)无眠空斗墙

排砖时,应排砌均匀,灰缝横平竖直。灰缝厚度保证为 10mm,最小不应小于 7mm,最大不应大于 13mm,并保证上皮斗砖能错缝搭砌。

3. 砌筑工艺

(1)大角砌筑。空斗墙的外墙大角,须用标准砖砌成锯齿状与斗砖咬接。盘砌大角不宜过高,以不超过 3 个斗砖为宜,并随时用托线板检查垂直度,同时还应检查与皮数杆是否相符。

(2)空斗墙的内墙、外墙应同时砌筑,不宜留槎;附墙砖垛也必须与墙身同时砌筑,内外墙交接处和附墙砖垛应砌实心墙,如图 7-3 所示。

图 7-3  空斗墙丁字交接与附墙砖垛的组砌

(a)丁字交接处砌法;(b)附墙 250×365 砖垛砌法

（3）空斗墙砌筑时要做到横平竖直、砂浆饱满，要随砌随检查，发现歪斜和不平应及时纠正，决不允许墙体砌完后，再撬动或敲打墙体。

（4）空斗墙的空斗内不填砂浆，墙面不应有竖向通缝。

（5）空斗墙上过梁，可做平碹或砌成钢筋砖过梁，当支撑于承重空斗墙上时，其跨度不宜大于 1.75m。

（6）为提高空斗墙的受力性能，下列各处应砌成实心墙：墙的转角处和交接处；室内地坪以下全部砌体；室内地坪和楼面上三皮砖部分；三层房屋外墙底层窗台标高以下部分；楼板、圈梁、搁栅和檩条等支撑面下 2～4 皮砖的通长部分；梁和屋架支撑处；壁柱和洞口两侧 24cm 范围内；屋檐和山墙压顶下 2 皮砖部分；作填充墙时与框架拉结筋的连接处以及预埋件处等。

（7）空斗墙与实心墙的竖向连接处应相互搭砌。砂浆强度等级不低于 M2.5，以加强结合部位的强度。

（8）空斗墙中留置的洞口和预埋件，应在砌筑时留出，不得砌完再砍凿。砌筑脚手架洞不宜留设，应尽量采用双排脚手架。

**五、空心砖墙砌筑工艺**

1. 砌筑前的准备工作

（1）材料准备。

按设计要求检查空心砖的型号和规格，计算出承重空心砖和非承重空心砖的数量，按空心砖标准规格及技术标准购货。

空心砖进工地要做好两个方面的检查：

首先应检查其内在质量，承重空心砖的强度等级（强度指标见表7-1），进场空心砖的质量证明，强度是否符合设计要求，并凭出厂证明到现场对空心砖抽样检查试验，试验合格后方可使用。

其次是空心砖的外观质量合格率应符合空心砖外观等级指标要求。对于欠火砖和酥砖不得使用。另外清水墙的空心砖要求外观颜色均匀一致，表面无压花。质量不符合要求的空心砖不得使用。

空心砖砌筑砂浆采用不低于 M2.5 的混合砂浆。运输堆放空心砖应轻拿轻放，减少损耗，砖使用前 1～2 天浇水湿润。

表 7-1 　　　　　　　　　　　　承重空心砖的强度指标

| 强 度 等 级 | 抗压强度/MPa | | 抗折力/kN | |
|---|---|---|---|---|
| | 五块砖平均<br>值不小于 | 单块最小<br>值不小于 | 五块平均<br>值不小于 | 单块最小<br>值不小于 |
| MU20 | 20 | 14 | 9.45 | 6.15 |
| MU15 | 15 | 10 | 7.35 | 4.75 |
| MU10 | 10 | 6.0 | 5.30 | 3.10 |
| MU7.5 | 7.5 | 4.5 | 4.30 | 2.60 |

(2)施工准备。

空心砖墙砌筑前大部分施工准备与空斗墙相同。另外根据空心砖不易砍砖的特点,还应准备大孔空心砖(非承重空心砖)、砌筑时切割用砂轮锯砖机,以便于组砌时用半砖或七分头。

2.排砖摞底

空心砖墙排砖摞底时应按砖块尺寸和灰缝厚度计算皮数和排数,空心墙的灰缝厚度为 8～12mm。多孔砖的孔应垂直向上,组砌方法为满条或梅花丁,从转角或定位处开始向一侧排砖,内外墙同时排砖,纵横墙交错搭接,上下皮错缝搭砌,一般要求搭砌长度不小于 60mm,如图 7-4 所示。

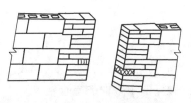

图 7-4　空心砖墙门窗口处砌筑

大孔空心砖墙组砌为十字缝,上下竖缝错开 1/2 砖长。排列时在不够半砖处,可用普通砖补砌;门窗洞口两侧 24cm 范围内应用实心砖砌筑。上下皮排通后,应按排砖的竖缝宽度要求拉紧通线,完成摞底工作。

3.砌筑墙身

(1)因空心砖厚度大约为实心砖的 2 倍,砌筑时要注意上跟线、下对楞。砌到 1.2m 以上高时,是砌墙最困难的部位,也是墙身最易出现毛病的时候。这时,脚手架宜提高小半步,使操作人员体位升高,调整砌筑高度,从而保证墙体砌筑质量。

(2)空心砖墙的大角处及丁字(内外)墙交接处,应当加半砖使灰缝错开。转角处半砖砌在外角上,丁字交接处半砖砌在纵墙上,如图 7-5 所示。盘砌大角不宜超过三皮砖,也不得留直槎,砌后随即检查垂直度和砌体与皮数杆的相符情况。内外墙应同时砌筑,如必须留直槎,则应砌成斜槎,斜槎长厚比应按砖的规格尺寸确定。

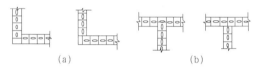

图 7-5　承重空心砖墙大角及内外墙交接处的组砌
(a)大角处;(b)内外墙交接处

(3)砌体灰缝横平竖直,砂浆密实。水平灰缝饱满度和竖直灰缝饱满度应满足规范要求,墙体不允许用水冲浆灌缝。

(4)大孔空心砖砌筑时应对以下部位砌实心砖墙:处于地面以下或防潮层以下部位的砌体;非承重墙的底部三皮砖;墙中留洞、预埋件处、过梁支撑处等。

(5)与框架相接的地方必须把框架柱预留的拉结筋砌入墙体,拉结筋设钩,以保证柱与墙体的连接。

(6)预制过梁、板安装时,座浆要垫平,墙上的预留孔洞、管道沟槽和预埋件,应在砌筑时预留或预埋,不得在砌好的墙上打凿。

(7)半砖厚空心砖内隔墙,如墙较高、较长,应在墙的水平缝中加设钢筋,可用 $\phi6$ 钢筋 2 根或砌实心砖带,即每隔一定高度砌几皮实心砖。

4.质量检查

每砌完一单元或一层楼后,应检查墙体的垂直平整度,墙体的轴线尺寸和标高。对于超出允许偏差规定的应拆除重砌或采取补救措施;在允许范围内偏差,可在上层楼板面予以校正。检查清理完毕即全部完成砌筑。

## 六、混水圆柱、柱墩和各种花栅、栏杆砌体

1. 混水圆柱

(1)砌筑工序。

圆柱定位→选择组砌方法→砌筑→检查→继续砌筑。

(2)施工要点。

1)圆柱定位。根据设计图样上的各个砖砌圆柱的位置从龙门板上或其他标志上引出圆柱的定位轴线,确定圆柱的圆心,并以圆心为中心弹出各柱的尺寸线(圆周线)。

2)选择组砌方法。圆柱砌筑前按线进行试摆砖,以确定砖的排砌方法。为了使砖柱错缝合理,不出现包心现象,并达到外形美观要求,在试摆砖过程中要选用较为合理的一种排砖法(见图 7-6),然后按照选用的方案加工弧形砖用的样板,并按样板加工各种弧面异形砖。

3)砌筑。加工后的砖,其弧度与样板相符,并应编号堆放,砌筑时对号入座。圆柱砌筑的皮数控制可立固定皮数杆,也可以用流动皮数杆检查高低情况。较大断面的圆柱可用水平尺检查水平情况。在同一轴线上的圆柱应先砌两头的圆柱,再拉通线,依次砌中间部分的圆柱,这样易控制砖的皮数。

第一皮

第二皮

图 7-6 圆柱排砖法

4)检查、继续砌筑。砌筑到 3~5 皮砖时,要用样板检查圆柱规格,用水平尺查复平面水平,用托线板检查圆周垂直度,全部修正后,向上逐皮叠砌。以后每砌筑 3~5 皮砖,再用同样方式检查一次。

2. 砖柱

砖柱(又称砖墩)一般可分为附墙砖柱(又称扶墙砖柱)和独立砖柱

两种。这里介绍附墙砖墩的砌筑。

(1)砌筑工序。

砖墩定位→选择组砌方法→砌筑→检查→继续砌筑。

(2)施工要点。

1)砖墩定位。根据设计图样上的各个附墙砖柱的位置从龙门板上或其他标志上引出墙墩的定位轴线,弹出相应的中心线,并以中心线弹出墙墩尺寸线。

2)选择组砌方法。附墙砖柱砌筑前要先选择组砌方法,根据附墙砖柱的断面尺寸进行排砖。排砖要遵循的原则是:无论选择哪种砌法,都应使墙与垛逐皮搭接,搭接长度不少于1/4砖长,头角(大角)根据错缝需要应用"七分头"组砌。组砌时不能采用"包心砌"的做法,排砖见图7-7。

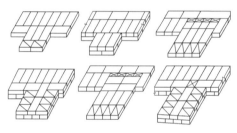

**图7-7 附墙砖柱排砖**

3)砌筑。砌筑附墙柱时,墙与垛必须同时砌筑,不得留槎。砖墩的皮数控制可立固定皮数杆,也可以用流动皮数杆检查高低情况。开始时先砌3～5皮砖,用线坠检查其垂直度,还要不断用托线板检查垂直度。同轴线多砖垛砌筑时,应拉准线控制附墙柱外侧的尺寸,使其在同一直线上。

3. 花栅、栏杆

花栅是使用砖块或预制花格砌成的各种图案的墙。花栅多用于庭院、公园、公共建筑的围墙及建筑物的阳台栏杆等处。花饰墙常用的砌筑材料主要有:水泥预制花栅和花格、饰花案的板块、普通黏土砖、大孔空心砖和小青瓦等,如图7-8所示。

(1)砌筑工序。

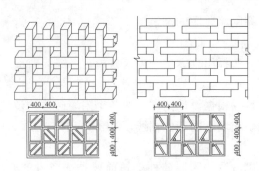

图 7-8　花栅

放样→编排图案→砌筑→检查→清理、完成全部砌筑。

（2）施工要点。

1）放样、编排图案。砌筑前应按图样要求选用花栅墙的材料、规格，放出施工大样图。然后将所砌的制品或砖块、瓦片等，按照花栅墙的高度、宽度和间距大小，按大样图实地编排出花栅墙的图案实样，编排时对图案的节点处理必须熟悉和掌握。根据实样，对拼砌材料依次编号整理出花栅墙的搭砌顺序。

2）砌筑。花栅墙的材料要求比较严格，砌筑前应由专人挑选，对大小不符规格、缺棱掉角、翘曲和裂缝的块材应予剔除。砌筑时，按编号顺序，采用 M5 以上水泥混合砂浆逐一搭砌。搭砌时要带线，接头处要锚固砌牢，并按照错开成型的图案花格，使上下左右整齐匀称。砌筑时要适当控制砌筑面积，不能一次或连续砌得太多，防止因砂浆强度使砌体在凝固前出现失稳和倾斜，每一次的砌筑高度视材料情况而定。搭砌一般从下往上砌，不仅用线吊，还要用直尺靠平整。多层阳台可以先砌上层，再砌下层。操作时要随时保护花栅墙不受损伤，以保证花栅墙达到设计效果。

3）检查、清理。花栅墙应随砌随检查，每一次检查必须在砂浆未结硬前，检查发现偏差及时纠正。花栅墙砌筑完毕，应全面检查，对偏差及时纠正。检查完毕，对墙面进行清理，清缝出道，对缝口不密实处用砂浆勾勒密实，完成砌筑。

**七、腰线**

建筑物构造上的需要或为了增加其外形美观，沿房屋外墙面的水平方向用砖挑出各种装饰线条,这种水平条叫做腰线。一般用顶砖逐皮挑出,每皮挑出一般为1/4砖长,最多不得超过1/3砖长。砌筑时灰缝严密,特别是挑层中竖向灰缝必须饱满。

### 八、多角形墙

1. 砌筑工序

准备工作→拌制砂浆→多角形墙砌筑→检查纠偏→清理、完成砌筑。

2. 施工要点

(1)准备工作。

1)施工准备:多角形墙的转角可分为钝角和锐角两种,如图7-9所示。

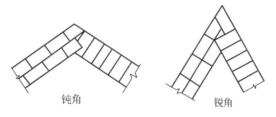

钝角　　　　　　　　　锐角

图7-9　多角形墙砖角图

多角形墙砌筑前应根据施工图上注明的角度,放出局部实样,按实墙做出异形套板,若墙面是由几个角组合的,就要做出几种套板,作为砌砖时检查墙面角度的工具。

2)材料准备:砖宜采用MU7.5以上的砖,外观应达到规格一致、棱角方正、不缺不碎的要求。

应按图要求做好转角部位异形砖的加工样板,按样板加工好异形砖,如异形砖的砍切加工有困难,可用C10以上细石混凝土加工异形砖以代替机制黏土异形砖。

其他材料要求与一般砖墙要求相同。

3)操作准备:多角砖墙砌砖之前,按施工图样弹出墙中心线,套出墙边线,用样板检查墙角是否符合要求。然后再摆第一皮砖,计算砖的排列,确定找砖,控制好砖块之间灰缝宽度,并用样板检查摆砖符合要求之后,才能进行正式砌筑。

(2)摆砖摞底。多角形墙体应根据弹出的墨线,先在墙交角处用干砖试砌,观察哪种错缝方式可以少砍砖块,收头比较好,角尖处搭接比较合理。异形角处的错缝搭接和交角咬合必须符合砌筑的基本规则,错缝也应至少 1/4 砖长,因此在转角处切成的异形砖要大于七分头的尺寸,假如外墙为清水墙,那么砍切部分表面要磨光。

(3)多角墙的砌筑。多角形墙砌筑同直角墙一样,在转角处派专人负责摆角,先将底层 5 皮砖砌好,检查 5 皮砖墙的角度、垂直度、平整度,确定 4~6 个固定检查点。在几个固定检查点,一般是明确在靠近墙 40~50cm 的两边墙上,然后,以这 5 皮砖墙为标准,往上砌筑。砌筑时要随时用托线板、线锤在固定检查点处检查,不可随意移动检查位置。还要经常用样板检查异形角的角度,角与角之间可以拉通线,必要时拉双线。应将皮数杆立在每个墙角处,砌筑时复准皮数,避免弯曲及凹凸。其他操作方法与普通砖基本相同。

### 九、弧形墙

1.砌筑工序

准备工作→拌制砂浆→弧形墙的砌筑→检查纠偏→清理、完成砌筑。

2.施工要点

(1)准备工作。

1)施工准备:弧形墙砌筑前应根据施工图上注明的弧度,放出局部实样,按实样做出弧形套板,墙面是由几个弧度组合,就要做出几种套板,作为砌砖时检查墙面弧度的工具。

2)材料准备:砖宜采用 MU7.5 以上的砖,外观应达到规格一致、棱角方正、不缺不碎的要求。应按图样要求做好转角部位异形砖的加工样板,按样板加工好异形砖,如异形砖的砍切加工有困难,可用 C10 以上细石混凝土加工异形砖以代替机制黏土异形砖。其他材料要求均与一般砖墙要求相同。

3)操作准备:弧形砖墙砌砖之前,按施工图样弹出墙中心线,套出墙边线,用样板检查墙弧是否符合要求。然后再摆第一皮砖,计算砖的排列,确定砌法,控制好砖块之间灰缝宽度,并用样板检查摆砖符合要求之后,才能进行正式砌筑。

(2)摆砖撂底。弧形墙排砖应根据弧形墙墙身墨线摆砖,在弧段内经试砌并检查错缝。摆砖的掌握,头缝最小不小于 7mm,最大不大于 12mm。在弧度较大处,采用丁砌法;弧度较小处可采用丁顺交错的砌法,排砖形式同直线墙的满丁满条一样。弧度急转的地方,可加工成异形砖、弧形砖块,使头缝能达到均匀一致的要求。

(3)弧形墙的砌筑。弧形墙砌筑时应利用弧形样板控制墙体。砌筑过程中,每砌 3～5 皮砖后用弧形样板沿弧形墙全面检查一次,查看弧度是否符合要求。垂直方向同多角墙一样确定好几个固定点,用托线板检查垂直度,凡发现偏差立即纠正。

其他操作方法与多角形墙相同。

### 十、平砌钢筋砖过梁

平砌钢筋砖过梁由砖平砌而成,在底部配置钢筋,一般用于跨度不大于 2m 的门窗口上。砖墙砌至高出窗口 10～20mm 时,架设过梁模板(见图 7-10)。中间起拱应为跨度的 1‰,如窗口为 1m,则起拱为 10mm。浇水润湿模板,上铺 1∶3 水泥砂浆层,厚度宜为 30mm。

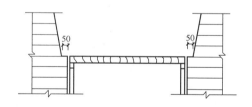

图 7-10　平砌过梁模板(mm)

按图纸要求把钢筋两端弯成方钩,弯钩向上,分别埋入砂浆层中,两端各伸入支座砌体内不应少于 25cm。最下一皮砖用丁砖砌筑,钢筋的 90°弯钩埋入墙的竖缝内。也可以在模板上先砌一皮丁砖,再放钢筋,逐层平砌砖。在过梁范围内,应采用一顺一丁砌法,并与砖墙同时砌筑。在钢筋长度范围内和高度为跨度的四分之一范围内(但不少于 5 皮砖),砌体砂浆比砌墙用砂浆应提高一级强度等级,一般不低于 M5

砂浆。例如,用 M2.5 砂浆砌筑 1.6m
洞口,在 40cm 砖过梁高度范围内,需
用 M5 砂浆砌筑,如图 7-11 所示。过
梁底部的模板,应在砂浆强度达到设
计强度等级的 50% 以上时,方可拆除,
以防止过梁变形或塌落。

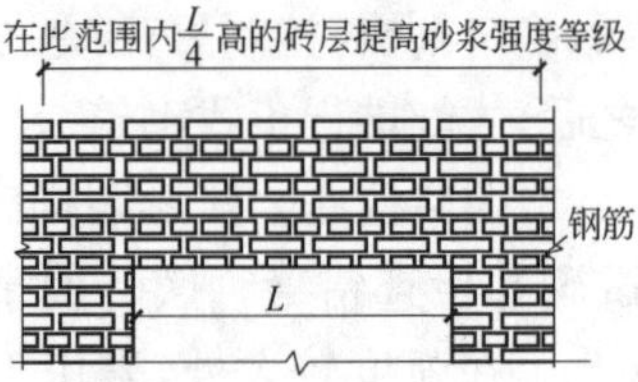

图 7-11 平砌钢筋砖过梁

## 十一、平拱式过梁

平拱式过梁分为立砖平拱、斜形
平拱和插子平拱三种。

平拱式过梁跨度一般不宜超过 1.8m,可用整砖侧砌。拱高有 1 砖
和 1 砖半,厚度应等于墙厚,如图 7-12 所示。平拱式过梁应用 MU10
以上砖,不低于 M5 砂浆砌筑。拱脚下面应伸入墙内不小于 20mm,拱
脚两边的墙端应砌成斜面,斜面的斜度为四分之一至六分之一,即每皮
砖砍槎子约 10mm,具体数字可根据平拱的高度确定。一砖平拱上端倾
斜 30~40mm,一砖半平拱为 50~60mm。拱脚砌够高度后,开始架设
拱模,其宽度应与墙身厚度相同,在拱模上铺一层湿砂。

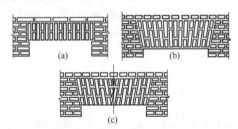

图 7-12 平拱式砖过梁
(a)立砖平拱;(b)斜形平拱;(c)插子平拱

中间厚两端薄,作为平拱的起拱,拱度可为跨度的 1%。例如 1.5m
跨度,中间可铺灰厚度 20mm,两端厚度 5mm,拱模做法如图 7-13 所示。

砖平拱跨度超过 1.2m 时,应在拱模两端及中间加支撑。如设计无
规定时,底模应在砂浆的预测强度达到设计强度等级的 50% 以上时拆
除,以防砖平拱变形或塌落。

平拱的立砖应为单数,互相对称,可根据计算在底模上先划出砖和

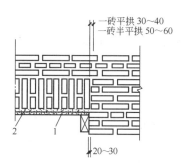

图 7-13 平拱的拱脚与拱模做法

1. 湿砂；2. 起拱 1%

灰缝的位置，然后砌筑。施工中，应从两边对称地向中间砌筑。砖中间应打缩口灰，使各立砖贴紧，中间一块砖必须垂直。砌完后用稀砂浆灌缝，但不要污染墙体。立砖平拱的灰缝以 10mm 左右为准，斜形平拱的灰缝应砌成楔形缝，过梁的顶面不应大于 15mm，过梁的底面不应小于 5mm。砌平拱时，不要砌成阴阳膀，应保证两边对称。拱身要同墙面一样平整，清水平拱砌完后要刮缝。

## 十二、弧形拱

弧形拱的构造与平拱基本相同。用整砖砌筑时，灰缝的宽度在底面不少于 5mm，在顶面不大于 15mm；用楔形砖砌时，灰缝宽度以 8～10mm 为宜。

大跨度弧形拱的厚度常在一砖以上，宜采用一拱一伏砌法，如图 7-14 所示。在砌完第一皮拱后，接着灌浆，然后砌一皮伏砖，再砌顶面一皮。伏砖上下的立缝要错开，以免拱顶与底面的灰缝相差太大。弧拱在近年来应用较少。

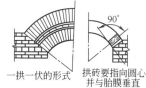

图 7-14 弧形拱

## 十三、异形拱的砌筑（圆拱的砌筑）

（1）砌筑工序。

准备工作→支异形拱模板→确定组砌方法→砌筑异形拱。

（2）施工要点。

1)准备工作。当墙砌到圆拱底标高时,先在应砌圆拱的墙体位置上标出圆拱垂直方向中心线,在中心线处砌一皮侧砖,两侧各砌一皮侧砖。

2)支圆拱模板。将事先做好的半圆形拱架(一般只做半只拱模)放置在墙上圆拱的中心线。

3)确定组砌方法。圆形拱宜采用一拱一伏的砌法。

4)砌筑圆拱。先砌圆拱的下半部,下半部拱的砌筑与墙身同时进行,使墙身砖将拱砖顶住,以保证砌筑质量和外观的整齐。砌好后,再将拱架上翻支好,使拱架的中心线仍与墙面上的圆拱中心线在同一条直线上,上半部拱可在下半部拱砌完后一次砌完,然后再砌两边墙身。砌筑时,砖面要紧贴拱架,每块砖中心线的延长线都必须通过拱的圆心。灰缝砌成内小外大的楔形,如图 7-15 所示。

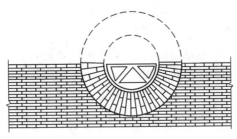

图 7-15 半圆形拱

## 十四、筒拱

筒拱主要用于隧道、烟道顶及作为屋顶和楼地面用,砌筑方法与弧形拱基本相同。一般有两种操作方法:一是挤浆法,先将砂浆摊在砌筑面上,砌砖时,带灰浆挤压,并用小木槌敲击,使表面平整,灰缝密实。另一种是灌浆法,将砖挂灰砌筑就位后,再用稀浆填灌砖缝。砌筑筒拱要点:

(1)筒拱模板必须放实样配制,模板安装尺寸的允许偏差,应符合下列规定:

1)在任何点上的竖向偏差,不应超过该点拱高的 1/200。

2)拱顶位置沿跨度方向的水平偏差,不应超过矢高的 1/200。

（2）如设计无要求，拱脚上面 4 皮砖和拱脚下面 6～7 皮砖的墙体部分，砂浆强度等级不应低于 M5；砂浆强度达到设计强度的 50％以上时，方可砌筑拱体。

（3）砌筑筒拱应符合下列要求：

1）拱体的砌合应错缝。

2）多跨连续拱的相邻各跨，如不能同时施工，应采取抵消横向推力的措施；砂浆稠度一般为 50～70mm。

3）拱体的纵、横灰缝应全部用砂浆填满，拱底灰缝宽度宜为 5～8mm。

4）拱座斜面应与筒拱轴线垂直，筒拱的纵向缝应与拱的横断面垂直（图 7-16）。

5）筒拱的纵向两端，一般不宜砌入墙内，其两端与墙面接触的缝隙，应用砂浆填塞（图 7-16）。

（4）砌砖在厚度和长度方向上必须咬合，并应由一端向另一端退砌，从两侧拱脚向拱冠砌筑，且中间一块砖必须塞紧，即砌成两边长、中间短的斜槎，使两边对称，防止拱模半边受荷，影响砌体质量。筒拱施工顺序及砌砖形式如图 7-17 所示。

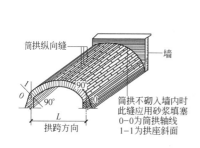

图 7-16　筒拱示意图

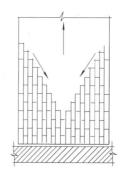

图 7-17　筒拱组砌顺序列形式

（5）筒拱靠近山墙时，必须与山墙相距 10～20mm，缝隙用砂浆填塞。不允许把拱砌入墙内，以防因受力情况与设计不符而导致裂缝，甚至坍塌。长度超过 60m 的筒拱，应设伸缩缝，分成两部分砌筑。

（6）砌筑多跨连续筒拱时，宜同时进行，以防在施工中产生不平衡的水平推力。如条件不允许同时砌筑时,应划分施工单元,在分段的末端支设固定模板,在末跨墙加临时支撑,或在相邻的拱脚采取其他抵抗水平推力的措施。

(7)不宜在拱模上成堆放置材料。如因施工条件限制,必须在拱模上堆放材料时,要对称堆放,以免使拱模变形;同时,要尽量少放,随放随用,材料重量应不超过拱模的承载能力。

在多跨连续拱上填找平材料及屋面保温材料时,也应按砌拱的原则进行施工,不要按单间施工的程序进行,并且要保证拱体砂浆的强度达到设计强度的70%以上。在整个施工过程中,拱体受力应当对称。

(8)预埋铁件及预留孔洞必须在施工中埋入或留出,已砌完的拱体不得任意凿洞,以免破坏筒拱的整体性,影响强度。洞口的加固环,应与周围的砌体紧密结合。

(9)砌筑完成后,用砂浆灌注密实并用湿草帘覆盖养护。在养护期间,应防止冲刷、冲击和振动。

(10)设有拉杆的拱,必须在拆模前将拉杆拉紧,在同跨内各根拉杆的内力应均匀。不设拉杆的拱,必须在拱脚墙体能抵抗水平推力时,方可拆移拱模。拆移时,应先将拱模缓慢均匀下降5~20cm,并对拱体检查无问题时,方可全部拆除。拆模时,必须戴安全帽,非操作人员不得进入。

(11)在雨季施工时,应采取防雨措施。刚砌好的砖拱必须覆盖,以防雨水冲刷,砂浆流失,造成塌落。

(12)应尽可能避免冬季施工,如必须在冬季施工时,应严格遵守有关冬季施工的规定。

**十五、配筋砖砌体砌筑**

网状配筋砖柱宜采用不低于MU10的烧结普通砖与不低于M5的水泥砂浆砌筑。

钢筋网有方格网和连弯网两种。方格网的钢筋直径为3~4mm,连弯网的钢筋直径不大于8m。钢筋网中钢筋的间距不应大于120mm,且不应小于30mm。钢筋沿砖柱高度方向的间距不应大于5皮砖,且不应大于400mm。当采用连弯网时,网的钢筋方向应互相垂直,沿砖柱高度方向交错设置,连弯网间距取同一方向网的间距,如图 7-18 所示。

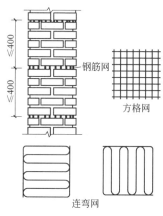

图 7-18　网状配筋砖柱

1. 网状配筋砖柱砌筑

网状配筋砖柱砌筑同普通砖柱一样要求。设置在砌体水平灰缝内的钢筋,应居中置于灰缝中。水平灰缝厚度应大于钢筋直径 4mm 以上。砌体外露面砂浆保护层的厚度不应小于 15mm。

设置在砌体水平灰缝内的钢筋应进行防腐保护,可在其表面涂刷钢筋防腐涂料或防锈剂。

2. 组合砖砌体砌筑

组合砖砌体是由砖砌体和钢筋混凝土面层或钢筋砂浆面层组成的,有组合砖柱、组合砖垛、组合砖墙等,如图 7-19 所示。

组合砖砌体所用砖的强度等级不应低于 MU10,砂浆强度等级不应低于 M5。面层厚度为 30~45mm 时,宜采用水泥砂浆,水泥砂浆强度等级不低于 M7.5。面层厚度大于 45mm 时,宜采用混凝土,混凝土强度等级宜采用 C15 或 C20。

受力钢筋宜采用 HRB335 级钢筋,对于混凝土面层也可采用 HRB300 级钢筋。受力钢筋的直径不应小于 8mm,钢筋的净间距不应小于 30mm。

箍筋的直径为 4~6mm,箍筋的间距为 120~500mm。

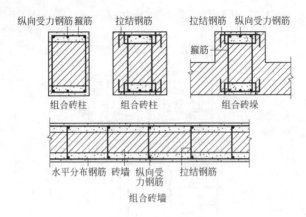

图 7-19　组合砖砌体

组合砖墙的水平分布钢筋竖向间距及拉结钢筋的水平间距,均不应大于 500mm。

组合砖砌体施工时,应先砌筑砖砌体部分,并按设计要求在砌体中放置箍筋或拉结钢筋。砖砌体砌到一定高度后(一般不超过一层楼的高度),绑扎受力钢筋和水平分布钢筋,支设模板,再浇水润湿砖砌体,浇筑混凝土面层或水泥砂浆面层。

当混凝土或水泥砂浆的强度达到设计强度 30％以上时,方可拆除模板。

**3.构造柱砌筑**

构造柱一般设置在房屋外墙四角、内外墙交接处以及楼梯间四角等部位,为现浇钢筋混凝土结构形式。

(1)构造柱的下端应锚固于基础之内(与地梁连接)。构造柱的截面不小于 240mm×180mm,柱内配置直径 12mm 的 4 根纵向钢筋,箍筋间距不应大于 250mm。

(2)构造柱与墙体的连接处应砌成马牙槎,从每层柱脚开始,先退后进,每一马牙槎沿高度方向的尺寸不宜超过 300mm。沿墙高每隔 500mm设置 2 根直径 6mm 的水平拉结钢筋,拉结钢筋每边伸入墙内不宜小于 1m,如图 7-20 所示。当墙上门窗洞口边到构造柱边(即墙马牙槎外齿边)的长度小于 1m 时,拉结钢筋则伸至洞口边止。

（3）施工时，应先绑扎柱中钢筋，砌砖墙，再支模，后浇捣混凝土。

（4）砌筑砖墙时，马牙槎应先退后进，即每一层楼的砌墙开始砌第一个马牙槎应两边各收进 60mm，第二个马牙槎到构造柱边，第三个马牙槎再两边各收进 60mm，如此反复一直到顶。各层柱的底部（圈梁面上），以及该层二次浇筑段的下端位置留出 2 皮砖洞眼，供清除模板内杂物用，清除完毕应立即封闭洞眼。

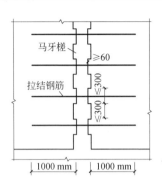

图 7-20　拉结筋布置和马牙槎

（5）每层砖墙砌好后，立即支模。模板必须与所在墙的两侧严密贴紧，支撑牢固，防止板缝漏浆。

（6）浇筑混凝土前，必须将砌体和模板浇水湿润，并清除模板内的落地灰、砖碴等杂物。混凝土浇筑可以分段进行，每段高度不宜大于 2m。在施工条件较好并能确保浇筑密实时，亦可每层浇筑一次。浇筑混凝土前，在结合面处先注入适量水泥砂浆，再浇筑混凝土。

（7）浇捣构造柱混凝土时，宜用插入式振动器，分层捣实，每层振捣层的厚度不应超过振捣棒长度的 1.25 倍。振捣时应避免振捣棒直接碰触砖墙，严禁通过砖墙传振。

（8）在砌完一层墙后和浇筑该层构造柱混凝土之前，是否对已砌好的独立墙片采取临时支撑等措施，应根据风力、墙高确定。必须在该层构造柱混凝土浇完后，才能进行上一层的施工。

4.复合夹心墙砌筑

复合夹心墙是由两侧砖墙和中间高效保温材料组成，两侧砖墙之间设置拉结钢筋，如图 7-21 所示。

砖墙有承重墙和非承重墙，均用烧结普通砖与水泥混合砂浆（或水泥砂浆）砌筑，砖的强度等级不低于 MU10，砂浆强度等级不低于 M5。

承重砖墙的厚度不应小于 240mm，非承重砖墙的厚度不应小于 115mm，两砖墙之间空腔宽度不应大于 80mm。

拉结钢筋直径为 6mm，采用梅花形布置，沿墙高间距不大于

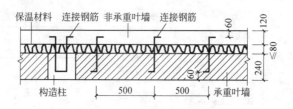

图 7-21 复合夹心墙水平剖面(单位:mm)

500mm,水平间距不大于 1m。拉结钢筋端头弯成直角,端头距墙面为 60mm。

复合夹心墙的转角处、内外墙交接处以及楼梯间四角等部位必须设置钢筋混凝土构造柱。非承重墙与构造柱之间应沿墙高设置 2 根 6mm 水平拉结钢筋,间距不大于 500mm。

复合夹心墙宜从室内地面标高以下 240mm 开始砌筑。可先砌承重砖墙,并按设计要求在水平灰缝中设置拉结钢筋,一层承重砖墙砌完后,清除墙面多余砂浆,在承重砖墙里侧铺贴高效保温材料,贴完整个墙面后,再砌非承重砖墙。当高效保温材料为松散体时,承重砖墙与非承重砖墙应同时砌筑,每砌高500mm,在砖墙之间空腔中填充高效保温材料,并在水平灰缝中放置拉结钢筋,如此反复进行,直到墙顶。

复合夹心墙的门窗洞口周边可采用丁砖或钢筋连接空腔两侧的砖墙。沿门窗洞口边的连接钢筋采用直径 6mm 的 HPB300 级钢筋,间距为 300mm。连接丁砖的强度等级不低于 MU10,沿门窗洞口通长砌筑,并用高强度等级的砂浆灌缝。

5.填心墙砌筑

填心墙是由两侧的普通砖墙与中间的现浇钢筋混凝土组成,两侧砖墙之间设置拉结钢筋。砖墙所用砖的强度等级不低于 MU10,砂浆强度等级不低于 M5,砖墙厚度不小于 115mm。混凝土的强度等级不低于 C15。拉结钢筋直径不小于6mm,间距不大于 500mm,如图 7-22 所示。

填心墙可采用低位浇筑混凝土和高位浇筑混凝土两种施工方法。

低位浇筑混凝土:两侧砖墙每次砌筑高度不超过 600mm,砌筑中按设计要求在墙内设置拉结钢筋,拉结钢筋与钢筋混凝土中的配筋连接

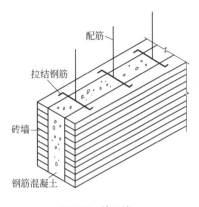

图 7-22　填心墙

固定。当砌筑砂浆的强度达到使砖墙能承受浇筑混凝土的侧压力时,将落入两砖墙之间的杂物清除干净,并浇水湿润砖墙然后浇筑混凝土。这一过程反复进行,直至墙体全部完成。

高位浇筑混凝土:两侧砖墙砌至全高,但不得超过 3m。两侧砖墙的砌筑高度差不应大于墙内拉结钢筋的竖向间距。砌筑砖墙时按设计要求在墙内设置拉结钢筋,拉结钢筋与钢筋混凝土中的配筋连接固定。为了便于清理两侧砖墙之间空腔中的落地灰、砖渣等杂物,砌墙时在一侧砖墙的底部预留清理洞口,清理干净空腔内的杂物后,用同品种、同强度等级的砖和砂浆堵塞洞口。当砂浆强度达到使砖墙能承受住浇筑混凝土的侧压力时(养护时间不少于 3 天),浇水润湿砖墙,再浇筑混凝土。

### 十六、砖墙面勾缝

(1)墙面勾缝前,应做好下列准备工作。

①清除墙面上黏结的砂浆残块和杂物等,并洒水润湿墙面。

②开凿瞎缝,并对缺棱掉角的部位用与墙面相同颜色的砂浆修补齐整。

③将脚手眼内清理干净,并洒水润湿,用与原墙相同的砖块补砌严密。

(2)砖墙面勾缝宜用细砂拌制的 1∶1.5 水泥砂浆,砂浆盛在灰板上,用勾缝条将砂浆压入灰缝中,同时压实拉平,勾成平缝或凹缝。勾水平缝宜自右向左进行,水平缝勾完一片后,再勾竖缝,竖缝应自上而下进行(图7-23)。勾完一片后,立即清扫墙面,勿使砂浆沾污墙面。

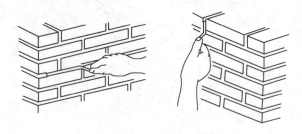

图 7-23 墙面勾缝

混水砖墙可采用原浆勾缝,勾缝所用砂浆与砌筑砂浆相同,勾成平缝或凹缝。

墙面勾缝应横平竖直,深浅一致,搭接平整并压实抹光,不得有丢缝、开裂和黏结不牢等现象。

# 第二节 多孔砖、空心砖砌筑

## 一、多孔砖砌筑

多孔砖墙是用 M 型多孔砖或 P 型多孔砖与强度等级不低于 M2.5 砂浆砌筑而成。

多孔砖不能用于砌基础、水箱、柱、过梁以及筒拱等。

1. 多孔砖墙的组砌形式

多孔砖墙宜采用一顺一丁或梅花丁的砌筑形式。多孔砖的孔洞应垂直于受压面,如图7-24 所示。

2. 多孔砖墙施工要点

(1)施工准备。

多孔砖墙砌筑时,砖应提前 1～2 天浇水润湿,含水率宜为 10%～15%。

(2)排砖撂底。

多孔砖墙排砖撂底时应按砖的尺寸和灰缝计算皮数和排数,水平

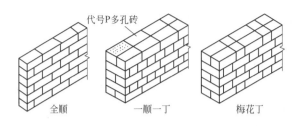

图 7-24　P 型多孔砖砌筑

灰缝厚度和竖向灰缝宽度为 8～12mm。多孔砖从转角或定位处开始向一侧排砖,内外墙同时排砖,纵横墙交错搭接,上下皮错缝搭砌。上下皮砖排通后,按排砖的竖缝宽度和水平缝厚度要求拉紧通线,完成摞底工作。

(3)砌筑墙身。

多孔砖砌筑时,要注意上跟线、下对楞。灰缝应横平竖直,水平灰缝砂浆饱满度不得小于 80%;竖缝应刮浆适宜并加浆填灌,不得出现透明缝、瞎缝和假缝,严禁用水冲浆灌缝。多孔砖墙砌到高度 1.2m 以上时,脚手架宜提高小半步。

(4)砌筑转角及交接处。

多孔砖墙的转角处和交接处应同时砌筑,严禁无可靠措施自内外墙分砌施工。对不能同时砌筑而又必须留置的临时间断处应砌成斜槎。M 型多孔砖墙的斜槎长度应不小于斜槎高度;P 型多孔砖墙的斜槎长度应不小于斜槎高度的 2/3。施工中不能留斜槎时,可留直槎,但直槎必须做成凸槎,并应加设拉结钢筋,拉结筋的数量、间距、长度应满足设计要求。

(5)预埋木砖、铁件和脚手眼。

多孔砖墙门、洞口的预埋木砖、铁件混凝土块等应采用与多孔砖横截面一致的规格。

多孔砖墙的下列部位不得设置脚手眼:宽度小于 1m 的窗间墙;过梁上与过梁成 60°角的三角形范围及过梁净跨度 1/2 的高度范围内;梁和梁垫下及其左右各 500mm 范围内;门、窗洞口两侧 200mm 和转角处 450mm 范围内。

(6)墙顶处理。

多孔砖坡屋顶房屋的顶层内纵墙顶,宜增加支撑端山墙的踏步式墙垛。

**二、空心砖砌筑**

空心砖墙是用各种规格的空心砖和强度等级不低于 M2.5 的砂浆砌筑而成。

空心砖墙仅作为隔墙,不能承重。

1.空心砖墙的组砌形式

空心砖墙宜采用"满刀灰刮浆法"进行砌筑。空心砖墙组砌为十字缝,上下皮竖缝相互错开 1/2 砖长,砖孔方向应符合设计要求。当设计无具体要求时,宜将砖孔置于水平位置;当砖孔垂直砌筑时,水平铺灰应用套板。砖竖缝应先挂灰后砌筑。空心砖墙底部应砌烧结普通砖或多孔砖,其高度不宜小于 200mm,如图 7-25 所示。

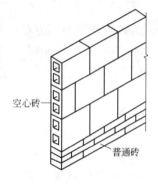

图 7-25  空心砖墙砌筑

2.空心砖墙的施工要点

(1)施工准备。

空心砖的运输、装卸过程中,严禁抛掷和倾倒。进场后应按品种、规格分别堆放整齐,堆置高度不宜超过 2m。砌筑前 1~2 天浇水湿润,含水率宜为10%~15%。因空心砖不易砍砖,应准备切割用的砂轮锯砖机,以便组砌时用半砖或七分头。

(2)排砖撂底。

空心砖墙排砖撂底时应按砖块尺寸和灰缝计算皮数和排数,水平灰缝厚度和竖向灰缝宽度为8~12mm;排列时在不够半砖处,可用普通黏土砖补砌;门窗洞口两侧240mm范围内应用普通黏土砖排砌;每隔2皮空心砖高,在水平灰缝中放置两根直径6mm的拉结钢筋;上下皮砖排通后,应按排砖的竖缝宽度要求和水平灰缝厚度要求拉紧通线,完成撂底工作。

(3)砌筑墙身。

空心砖墙砌筑时,要注意上跟线、下对楞。砌到高度 1.2m 以上时,脚手架宜提高小半步,使操作人员体位高,调整砌筑高度,从而保证墙体砌筑质量。

(4)砌筑转角及丁字交接处。

空心砖墙的转角处及丁字墙交接处,应用普通黏土砖实砌。转角处砖砌在外角上,丁字交接处砖砌在纵墙上。盘砌大角不宜超过 3 皮砖,且不得留直槎,砌筑过程中要随时检查垂直度和砌体与皮数杆的相符情况。内外墙应同时砌筑,如必须留搓,应砌成斜槎,斜槎长厚比应按砖的规格尺寸确定。

(5)墙顶砌筑。

空心砖墙砌至接近上层梁、板底时,应留一定空隙,待墙砌筑完并应至少间隔 7 天后,再采用侧砖、或立砖、或砌块斜砌挤紧,其倾斜度宜为 60°左右,砌筑砂浆应饱满。

(6)墙与柱连接。

空心砖墙于框架柱相接处,必须把预埋在框架柱中的拉结筋砌入墙内。拉结筋的规格、数量、间距、长度应符合设计要求。空心砖墙与框架柱之间缝隙应采用砂浆填满。

(7)预留孔洞。

空心砖墙中不得留设脚手眼。墙上的管线留置方法,当设计无具体要求时,可采用弹线定位后凿槽或开槽,不得斩砖预留槽。

(8)灰缝要求。

空心砖墙的灰缝应横平竖直,砂浆密实,水平灰缝砂浆饱满度不得低于 80%,竖缝不得出现透明缝、瞎缝和假缝。

(9)高度控制。

空心砖墙每天砌筑高度不得超过 1.2m。

# 第八章 混凝土砌块砌筑

## 第一节 砌混凝土空心小砌块

### 一、施工准备

运到现场的小砌块,应分规格、分等级堆放,堆放场地必须平整,并做好排水。小砌块的堆放高度不宜超过1.6m。对于砌筑承重墙的小砌块应进行挑选,剔出断裂小砌块或壁肋中有竖向凹形裂缝的小砌块。

龄期不足28天及潮湿的小砌块不得进行砌筑。普通混凝土小砌块不宜浇水;当天气干燥炎热时,可在砌块上稍加喷水润湿;轻集料混凝土小砌块可洒水,但不宜过多。清除小砌块表面污物和芯柱用小砌块孔洞底部的毛边。砌筑底层墙体前,应对基础进行检查。清除防潮层顶面上的污物。根据砌块尺寸和灰缝厚度计算皮数,制作皮数杆。皮数杆立在建筑物四角或楼梯间转角处。皮数杆间距不宜超过15m。准备好所需的拉结钢筋或钢筋网片。根据小砌块搭接需要,准备一定数量的辅助规格的小砌块。砌筑砂浆必须搅拌均匀,随拌随用。

### 二、普通小砌块墙砌筑

混凝土空心小砌块墙是由普通混凝土空心小砌块或轻集料混凝土空心小砌块与水泥砂浆(或水泥混合砂浆)砌筑而成。承重结构砌块强度等级应不低于MU5;砂浆强度等级应不低于M5。

混凝土空心小砌块墙的厚度一般为190mm(单排),特殊情况下,墙厚为390mm(双排)。

混凝土空心小砌块宜采用铺灰反砌法进行砌筑。先用大铲或瓦刀在墙顶上摊铺砂浆,铺灰长度不宜超过800mm,再在已砌砌块的端面上刮砂浆,双手端起小砌块,并使其底面向上,摆放在砂浆层上,并与前一块挤紧,并使上下砌块的孔洞对准,挤出的砂浆随手刮去。

混凝土空心小砌块墙的立面组砌形式仅有全顺一种,上下竖向相互错开190mm;双排小砌块墙横向竖缝也应相互错开190mm(图8-1)。

在小砌块墙的转角处,应使纵横墙的砌块隔皮相互搭砌,露头的砌块端面应用水泥砂浆抹平(图 8-2)。

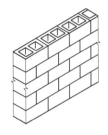
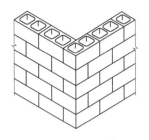

图 8-1　混凝土空心小砌块墙的立面组砌形式　　　图 8-2　混凝土空心小砌块墙转角

　　在小砌块墙的丁字交接处,应使横墙的砌块隔皮露头,纵墙加砌辅助砌块(一孔半)。如没有辅助砌块,则会造成三皮砌块高的竖向通缝,为此,宜采用大砌块(三孔)错缝(图 8-3)。露头的砌块应用水泥砂浆抹平。

　　混凝土小砌块应对孔错缝搭砌。个别情况当无法对孔砌筑时,普通混凝土小砌块的搭接长度不应小于 90mm,轻集料混凝土小砌块不应小于 120mm;当不能保证此规定时,应在水平灰缝中设置拉结钢筋或钢筋网片,钢筋直径宜为 4～6mm,拉结钢筋和钢筋网片长度宜不小于 700mm(图 8-4)。

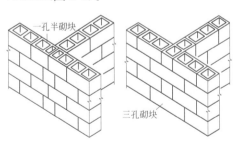
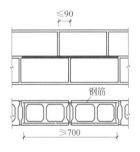

图 8-3　混凝土空心　　　　　图 8-4　在砌块水平灰缝
小砌块墙的丁字交接处　　　中设钢筋网片(单位:mm)

　　混凝土空心小砌块墙应从转角或交接处开始,纵横墙同时砌筑。外墙转角处严禁留直槎,宜从两个方向同时砌筑。墙体临时间断处应砌成斜槎。斜槎长度不应小于高度的 2/3(图 8-5)。如留斜槎有困难,除外墙转角处及抗震设防地区,墙体临时间断处不应留直槎外,可从墙面伸出 200mm 砌成阴阳槎,并沿墙高每三皮砌块(600mm)设拉结钢筋或钢筋网片,拉结钢筋用两根直径 6mm 的 HRB335 级钢筋;钢筋网片用直径 4mm 的冷拔钢丝。埋入长度从留槎处算起,每边均不小于600mm(图8-6)。

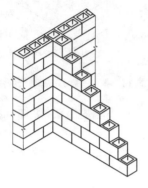
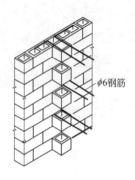

φ6钢筋

图 8-5　混凝土空心小砌块墙斜槎　　　图 8-6　混凝土空心小砌块墙阴阳槎

小砌块墙的水平灰缝厚度和竖向灰缝宽度应控制在 8~12mm。

墙体灰缝应横平竖直,全部灰缝均应填满砂浆。水平灰缝的砂浆饱满度不得低于 90%,竖向灰缝的砂浆饱满度不得低于 80%,不得出现瞎缝、透明缝。严禁用水冲浆灌缝。

需要移动已砌好墙体的小砌块或被撞动的小砌块时,应重新铺浆砌筑。

小砌块用于框架填充墙时,应与框架中预埋的拉结钢筋连接。当填充墙砌至顶面最后一皮,与上部结构相接处宜用实心小砌块(可在砌块孔洞中填 C15 混凝土)斜砌挤紧。

对设计规定的洞口、管道、沟槽和预埋件等,应在砌筑时预留或预埋,严禁在砌好的墙体上打凿。在小砌块墙体中不得留水平沟槽。

小砌块墙体内不宜留脚手眼,如必须留设时,可用 190mm × 190mm × 190mm 小砌块侧砌,利用其孔洞作脚手眼,墙体完工后用 C15 混凝土填实。但在墙体下列部位不得留设脚手眼:

①过梁上部,与过梁成 60°角的三角形及过梁跨度 1/2 范围内。

②宽度不大于 800mm 的窗间墙。

③梁和梁垫下及其左右各 500mm 的范围内。

④门窗洞口两侧 200mm 内和墙体交接处 400mm 的范围内。

⑤设计规定不允许设脚手眼的部位。

承重墙体不得采用混凝土空心小砌块与烧结普通砖等混砌。

施工中需要在墙体中留临时施工洞口,其侧边离交接处的墙面不应小于 600mm,并在顶部设过梁;填砌施工洞口的砌筑砂浆强度等级应提高一级。

常温条件下,普通混凝土空心小砌块的日砌高度应不超过 1.8m;轻集料混凝土空心小砌块日砌高度应不超过 2.4m。

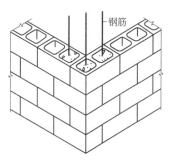

图 8-7　芯柱

### 三、芯柱施工

混凝土空心小砌块墙的下列部位宜设置芯柱(图 8-7)。

(1)在外墙转角、楼梯间四角的纵横墙交接处的三个孔洞,宜设置混凝土芯柱。

(2)五层及五层以上的房屋,应在上述部位设置钢筋混凝土芯柱。

混凝土芯柱宜用不低于 C15 的细石混凝土浇筑。钢筋混凝土芯柱宜用不低于 C15 的细石混凝土浇筑,每孔内插入不小于 1 根直径 10mm 的钢筋,钢筋底部伸入室内地面下 500mm 或与基础圈梁锚固,顶部与屋盖圈梁锚固。

芯柱应沿房屋全高贯通,并与各层圈梁整体现浇。

在钢筋混凝土芯柱处,沿墙高每隔 600mm 应设直径 4mm 钢筋网片拉结,每边伸入墙体不小于 600mm。

芯柱部位宜采用不封底的通孔小砌块,当采用半封底小砌块时,砌筑前应打掉孔洞毛边。

在楼地面砌筑第一皮小砌块时,在芯柱部位应用开口砌块(或 U 形砌块)砌出操作孔,在操作孔侧面宜预留连通孔,必须清除芯柱孔洞内的杂物及削掉孔内凸出的砂浆,用水冲洗干净,校正钢筋位置并绑扎或焊接固定后,方可浇筑混凝土。

砌完一个楼层高度后,应连续浇筑芯柱混凝土。每浇筑 400～

500mm 高度捣实一次,或边浇筑边捣实。浇筑混凝土前,宜先灌入适量水泥浆。捣实混凝土应用插入式振动器。混凝土坍落度不小于 50mm。

芯柱钢筋应与基础或基础梁中的预埋钢筋连接,上下楼层的钢筋可在楼板面上搭接,搭接长度不应小于 40 倍钢筋直径。

砌筑砂浆达到 1MPa 强度后方可浇筑芯柱混凝土。

# 第二节　加气混凝土砌块墙、粉煤灰砌块墙砌筑

## 一、砌加气混凝土小砌块墙

加气混凝土小砌块墙是由加气混凝土小砌块与水泥砂浆(或专用砂浆)砌筑而成。砂浆的强度等级不应低于 M5。加气混凝土小砌块施工时的含水率宜小于 15%。

砌筑墙体前,应根据房屋立面及剖面图、砌块规格等绘制砌块排列图(水平灰缝按 15mm,垂直灰缝按 20mm),按排列图制作皮数杆,皮数杆立于墙体转角处和交接处。

加气混凝土小砌块一般采用铺灰刮浆法,即先用瓦刀或专用灰铲在墙顶上摊铺砂浆,在已砌的砌块端面刮浆,然后将小砌块放在砂浆层上并与前块挤紧,随手刮去挤出的砂浆。也可采用只摊铺水平灰缝的砂浆,竖向灰缝用内外临时夹板灌浆。

砌筑时,上下皮砌块应相互错缝,错缝长度应不小于砌块长度的 1/3,并不小于 150mm。如不能满足时,在水平灰缝中应设置 2 根直径 6mm 的钢筋或直径 4mm 的钢筋网片加强,加强筋长度不小于 700mm。

承重加气混凝土小砌块墙的转角处及交接处,应沿墙高每隔 1m 左右在水平灰缝中铺设拉结钢筋,拉结钢筋用 3 根直径 6mm 的 HPB300 级钢筋(Ⅰ级钢筋),钢筋每边伸入墙内为 1000mm。非承重墙体的转角处及与承重墙体的交接处改用两根直径 6mm 的拉结钢筋,伸入长度为 700mm(图 8-8)。

加气混凝土小砌块墙的转角处及交接处,应使纵横墙砌块隔皮搭接。

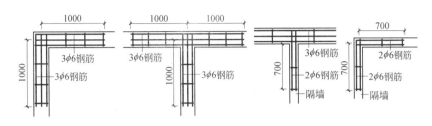

图 8-8　水平灰缝中拉结钢筋

灰缝中砂浆应饱满。水平灰缝的厚度不应大于 15mm,竖向灰缝宽度不应大于 20mm。

切锯砌块时应使用专用锯(可用木工废带锯条改制),不得用斧或瓦刀任意砍劈。洞口两侧应选用规则整齐的砌块砌筑。洞口下部在水平灰缝中应放置 3 根直径 6mm 的钢筋,伸过洞口两边长度每边不得小于 500mm。

砌筑外墙及非承重隔墙时,不得留脚手眼。

不同干容重和强度等级的加气混凝土小砌块不应混砌,也不得用其他砖或砌块混砌。填充墙底、顶部及门窗洞口处局部采用烧结普通砖或多孔砖砌筑不视为混砌。

## 二、砌粉煤灰砌块墙

粉煤灰砌块墙可用粉煤灰砌块与水泥混合砂浆砌成。砌块的强度等级不低于 MU10,砂浆的强度等级不低于 M2.5。

粉煤灰砌块墙的砌筑方法宜采用“铺灰灌浆法”,即先在墙顶上摊铺砂浆,随后将粉煤灰砌块按砌筑位置摆放在砂浆层上,并与已砌的砌块间留出不大于20mm的空隙。砌上几块后,可以灌竖缝。为了防止漏浆,可用泡沫塑料条嵌塞在竖缝两侧(或用木板挡住),从灌浆槽中逐步灌入砂浆,直至齐砌块面为止,待砂浆凝固后才能取去泡沫塑料条(图8-9)。

粉煤灰砌块是立砌的,立面组砌形式只有全顺一种。上下皮砌块的竖缝相互错开 440mm,个别情况下相互错开不小于 150mm。

粉煤灰砌块墙水平灰缝厚度应不大于 15mm,竖向灰缝宽度应不大于20mm(灌浆槽处除外),水平灰缝砂浆饱满度应不小于 90%,竖向灰缝砂浆饱满度应不小于 80％。

粉煤灰砌块墙的转角处及丁字交接处,可使隔皮砌块露头,但应锯平灌浆槽,使砌块端面为平整面(图 8-10)。

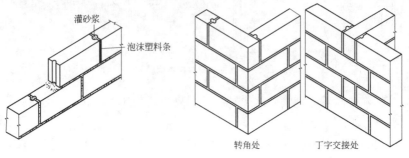

灌砂浆
泡沫塑料条

转角处          丁字交接处

图 8-9　粉煤灰砌块墙砌筑　　　　图 8-10　粉煤灰砌块墙的转角及丁字交接处

粉煤灰砌块墙中门窗洞口的周边,宜用烧结普通砖砌筑,砌筑宽度应不小于半砖。

粉煤灰砌块墙与承重墙(或柱)交接处,应沿墙高 1.2m 左右在水平灰缝中设置 3 根直径 4mm 的拉结钢筋,拉结钢筋伸入承重墙内及砌块墙的长度均不小于 700mm。

切锯粉煤灰砌块应使用专用手锯,不得用斧任意砍凿。

砌筑粉煤灰砌块墙,不得留脚手眼。

# 第三节　配筋砌体工程施工

## 一、面层和砖组合砌体

### 1. 面层和砖组合砌体构造

面层和砖组合砌体有组合砖柱、组合砖垛、组合砖墙(图 8-11)。

面层和砖组合砌体由砖砌体、混凝土或砂浆面层以及钢筋等组成。

砖砌体所用砌筑砂浆强度等级不得低于 M7.5,砖的强度等级不宜低于 MU10。

混凝土面层所用混凝土强度等级宜采用 C20,混凝土面层厚度应大于 45mm。

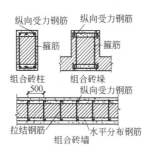

图 8-11　面层和砖组合砌体

砂浆面层所用水泥砂浆强度等级不得低于 M7.5,砂浆面层厚度为 30~45mm。

竖向受力钢筋宜采用 HPB300 级钢筋,对于混凝土面层,亦可采用 HRB335 级钢筋;受力钢筋的直径不应小于 8mm,钢筋的净间距不应小于 30mm;受拉钢筋的配筋率不应小于 0.1%;受压钢筋一侧的配筋率,对砂浆面层,不宜小于 0.1%,对混凝土面层,不宜小于 0.2%。

箍筋的直径不宜小于 4mm 及 0.2 倍的受压钢筋直径,并不宜大于 6mm。箍筋的间距不应大于 20 倍受压钢筋的直径及 500mm,并不应小于 120mm。

当组合砖砌体一侧受力钢筋多于 4 根时,应设置附加箍筋或拉结钢筋。

对于组合砖墙,应采用穿通墙体的拉结钢筋作为箍筋,同时设置水平分布钢筋。水平分布钢筋竖向间距及拉结钢筋的水平间距,均不应大于 500mm。

受力钢筋的保护层厚度,不应小于表 8-1 的规定,受力钢筋距砖砌体表面的距离不应小于 5mm。

表 8-1　　　　　　　　　　　保 护 层 厚 度

| 组合砖砌体 | 保护层厚度/mm | |
|---|---|---|
| | 室内正常环境 | 露天或室内潮湿环境 |
| 组合砖墙组合砖柱、砖垛 | 15 | 25 |
| | 25 | 35 |

注:当面层为水泥砂浆时,对于组合砖柱,保护层厚度可减小 5mm

2.面层和砖组合砌体施工

组合砖砌体应按下列顺序施工：

(1)砌筑砖砌体：同时按照箍筋或拉结钢筋的竖向间距，在水平灰缝中铺置箍筋或拉结钢筋；

(2)绑扎钢筋：将纵向受力钢筋与箍筋绑牢，在组合砖墙中，将纵向受力钢筋与拉结钢筋绑牢，将水平分布钢筋与纵向受力钢筋绑牢；

(3)在面层部分的外围分段支设模板，每段支模高度宜在500mm以内，浇水润湿模板及砖砌体面，分层浇灌混凝土或砂浆，并用振捣棒捣实；

(4)待面层混凝土或砂浆的强度达到其设计强度的30%以上，方可拆除模板，如有缺陷应及时修整。

## 二、构造柱和砖组合砌体

1.构造柱和砖组合砌体构造

构造柱和砖组合砌体可有组合砖墙(见图8-12)。

构造柱和砖组合墙由钢筋混凝土构造柱、砖砌体以及拉结钢筋等组成。

图8-12　构造柱和砖组合墙

钢筋混凝土构造柱的截面尺寸不宜小于240mm×240mm，其厚度不应小于墙厚，边柱、角柱的截面宽度宜适当加大。构造柱内竖向受力钢筋，对于中柱不宜少于$4\phi12$；对于边柱、角柱，不宜少于$4\phi14$。构造柱的竖向受力钢筋的直径也不宜大于16mm。其箍筋一般部位宜采用$\phi6$，间距200mm；楼层上下500mm范围内宜采用$\phi6$，间距100mm。构造柱的竖向受力钢筋应在基础梁和楼层圈梁中锚固，并应符合受拉钢筋的锚固要求，构造柱的混凝土强度等级不宜低于C20。

所用砌砖的强度等级不应低于MU10，砌筑砂浆的强度等级不应低于M5。砖墙与构造柱的连接处应砌成马牙槎，每一个马牙槎的高度不宜超过300mm，并应沿墙高每隔500mm设置$2\phi6$拉结钢筋，拉结钢筋每边伸入墙内不宜小于600mm(见图8-13)。

构造柱和砖组合墙的房屋，应在纵横墙交接处、墙端部和较大洞口的洞边设置构造柱，其间距不宜大于4m。各层洞口宜设置在对应位

图 8-13　砖墙与构造柱连接

置,并宜上下对齐。

构造柱和砖组合墙的房屋,应在基础顶面、有组合墙的楼层处设置现浇钢筋混凝土圈梁,圈梁的截面高度不宜小于 240mm。

*2. 构造柱和砖组合砌体施工*

构造柱和砖组合墙的施工程序应为先砌墙后浇混凝土构造柱。构造柱施工程序为:绑扎钢筋、砌砖墙、支模板、浇混凝土、拆模。

构造柱的模板可用木模板或组合钢模板。在每层砖墙及其马牙槎砌好后,应立即支设模板,模板必须与所在墙的两侧严密贴紧,支撑牢靠,防止模板缝漏浆。

构造柱的底部(圈梁面上)应留出两皮砖高的孔洞,以便清除模板内的杂物,清除后封闭。

构造柱浇灌混凝土前,必须将马牙槎部位和模板浇水润湿,将模板内的落地灰、砖渣等杂物清理干净,并在结合面处注入适量与构造柱混凝土相同的去石水泥砂浆。

构造柱的混凝土坍落度宜为 50～70mm,石子粒径不宜大于 20mm。混凝土随拌随用,拌和好的混凝土应在1.5h内浇灌完。

构造柱的混凝土浇灌可以分段进行,每段高度不宜大于 2.0m。在施工条件较好并能确保混凝土浇灌密实时,亦可每层一次浇灌。

捣实构造柱混凝土时,宜用插入式混凝土振动器,应分层振捣,振动棒随振随拔,每次振捣层的厚度不应超过振捣棒长度的 1.25 倍。振捣棒应避免直接碰触砖墙,严禁通过砖墙传振。钢筋的混凝土保护层厚度宜为20～30mm。

构造柱与砖墙连接的马牙槎内的混凝土必须密实饱满。

　　构造柱从基础到顶层必须垂直,对准轴线。在逐层安装模板前,必须根据构造柱轴线随时校正竖向钢筋的位置和垂直度。

　　**三、网状配筋砖砌体**

　　**1. 网状配筋砖砌体构造**

　　网状配筋砖砌体有配筋砖柱、砖墙,即在砖砌体的水平灰缝中配置钢筋网(见图8-14)。

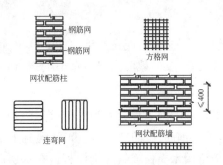

图 8-14　网状配筋砖砌体

　　网状配筋砖砌体,所用砖强度等级不应低于 MU10,砂浆强度等级不应低于 M7.5。

　　钢筋网可采用方格网或连弯网,方格网的钢筋直径宜采用 3～4mm;连弯网的钢筋直径不应大于 8mm。钢筋网中钢筋的间距不应大于 120mm,并不应小于 30mm。

　　钢筋网在砖砌体中的竖向间距,不应大于 5 皮砖高,并不应大于400mm。当采用连弯网时,网的钢筋方向应互相垂直,沿砖砌体高度交错设置,钢筋网的竖向间距取同一方向网的间距。

　　设置钢筋网的水平灰缝厚度,应保证钢筋上下至少各有 2mm 厚的砂浆层。

　　**2. 网状配筋砖砌体施工**

　　钢筋网应按设计规定制作成型。

　　砖砌体部分与常规方法砌筑相同。在配置钢筋网的水平灰缝中,应先铺一半厚的砂浆层,放入钢筋网后再铺一半厚砂浆层,使钢筋网居于砂浆层厚度中间。钢筋网四周应有砂浆保护层。

配置钢筋网的水平灰缝厚度:当用方格网时,水平灰缝厚度为 2 倍钢筋直径加 4mm;当用连弯网时,水平灰缝厚度为钢筋直径加 4mm。确保钢筋上下各有 2mm 厚的砂浆保护层。

网状配筋砖砌体外表面宜用 1:1 水泥砂浆勾缝或进行抹灰。

### 四、配筋砌块砌体

#### 1.配筋砌块砌体构造

配筋砌块砌体有配筋砌块剪力墙、配筋砌块柱等。

(1)配筋砌块剪力墙,所用砌块强度等级不应低于 MU10;砌筑砂浆强度等级不应低于 M7.5;灌孔混凝土强度等级不应低于 C20。

配筋砌体剪力墙的构造配筋应符合下列规定:

1)应在墙的转角、端部和孔洞的两侧配置竖向连续的钢筋,钢筋直径不宜小于 12mm;

2)应在洞口的底部和顶部设置不小于 $2\phi10$ 的水平钢筋,其伸入墙内的长度不宜小于 $35d$ 和 400mm($d$ 为钢筋直径);

3)应在楼(屋)盖的所有纵横墙处设置现浇钢筋混凝土圈梁,圈梁的宽度和高度宜等于墙厚和砌块高,圈梁主筋不应少于 $4\phi10$,圈梁的混凝土强度等级不宜低于同层混凝土砌块强度等级的 2 倍,或该层灌孔混凝土的强度等级,也不应低于 C20;

4)剪力墙其他部位的竖向和水平钢筋的间距不应大于墙长、墙高的 1/2,也不应大于 1200mm;对局部灌孔的砌块砌体,竖向钢筋的间距不应大于 600mm;

5)剪力墙沿竖向和水平方向的构造配筋率均不宜小于 0.07%。

(2)配筋砌块柱所用材料的强度要求同配筋砌块剪力墙。

配筋砌块柱截面边长不宜小于 400mm,柱高度与柱截面短边之比不宜大于 30。

配筋砌块柱的构造配筋应符合下列规定(见图8-15)。

1)柱的纵向钢筋的直径不宜小于 12mm,数量不少于 4 根,全部纵向受力钢筋的配筋率不宜小于 0.2%;

2)箍筋设置应根据下列情况确定:

①当纵向受力钢筋的配筋率大于 0.25%,且柱承受的轴向力大于

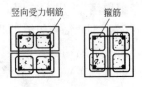

图 8-15 配筋砌块柱配筋

受压承载力设计值的 25% 时,柱应设箍筋;当配筋率≤0.25% 时,或柱承受的轴向力小于受压承载力设计值的 25% 时,柱中可不设置箍筋;

②箍筋直径不宜小于 6mm;

③箍筋的间距不应大于 16 倍的纵向钢筋直径、48 倍箍筋直径及柱截面短边尺寸中较小者;

④箍筋应做成封闭状,端部应有弯钩;

⑤箍筋应设置在水平灰缝或灌孔混凝土中。

2.配筋砌块砌体施工

配筋砌块砌体施工前,应按设计要求,将所配置钢筋加工成型,堆置于配筋部位的近旁。

砌块的砌筑应与钢筋设置互相配合。

砌块的砌筑应采用专用的小砌块砌筑砂浆和专用的小砌块灌孔混凝土。

钢筋的设置应注意以下几点。

(1)钢筋的接头。

钢筋直径大于 22mm 时宜采用机械连接接头,其他直径的钢筋可采用搭接接头,并应符合下列要求:

1)钢筋的接头位置宜设置在受力较小处;

2)受拉钢筋的搭接接头长度不应小于 $1.1L_a$,受压钢筋的搭接接头长度不应小于 $0.7L_a$($L_a$ 为钢筋锚固长度),但不应小于 300mm;

3)当相邻接头钢筋的间距不大于 75mm 时,其搭接长度应为 $1.2L_a$。当钢筋间的接头错开 $20d$ 时($d$ 为钢筋直径),搭接长度可不增加。

(2)水平受力钢筋(网片)的锚固和搭接长度:

　　1)在凹槽砌块混凝土带中钢筋的锚固长度不宜小于30$d$,且其水平或垂直弯折段的长度不宜小于15$d$和200mm;钢筋的搭接长度不宜小于35$d$;

　　2)在砌体水平灰缝中,钢筋的锚固长度不宜小于50$d$,且其水平或垂直弯折段的长度不宜小于20$d$和150mm;钢筋的搭接长度不宜小于55$d$;

　　3)在隔皮或错缝搭接的灰缝中为50$d$+2$h$($d$为灰缝受力钢筋直径,$h$为水平灰缝的间距)。

　　(3)钢筋的最小保护层厚度:

　　1)灰缝中钢筋外露砂浆保护层不宜小于15mm;

　　2)位于砌块孔槽中的钢筋保护层,在室内正常环境中不宜小于20mm;在室外或潮湿环境中不宜小于30mm;

　　3)对安全等级为一级或设计使用年限大于50年的配筋砌体,钢筋保护层厚度应比上述规定至少增加5mm。

　　(4)钢筋的弯钩:

　　钢筋骨架中的受力光面钢筋,应在钢筋末端作弯钩,在焊接骨架、焊接网以及受压构件中,可不作弯钩;绑扎骨架中的受力变形钢筋,在钢筋的末端可不作弯钩。弯钩应为180°弯钩。

　　(5)钢筋的间距:

　　1)两平行钢筋间的净距不应小于25mm;

　　2)柱和壁柱中的竖向钢筋的净距不宜小于40mm(包括接头处钢筋间的净距)。

# 第九章　石砌体砌筑

## 第一节　石砌体的组砌形式

### 一、石砌体概述

石砌体是利用各种天然石材组砌而成。因石材形状和加工程度的不同而分为毛石砌体、卵石砌体和料石砌体三种。由于一般石料的强度和密度比砖好,所以石砌体的耐久性和抗渗性一般也比砖砌体好。

现将石料和石砌体中的几个名称介绍如下:

(1)石料的面:我们把石料面向操作者的一面叫做正面,背向操作者的叫背面,向上的叫顶面,向下的叫底面,其余就是左右侧面。

(2)石砌体的灰缝:上下向的叫竖缝,其余的就叫横缝。

(3)石层:砖砌体有"皮"的区别,石砌体就叫做层。料石砌体层次分明,毛石砌体很难分层,但要求隔一定高度砌成一个接近水平的层次。

(4)顺石、丁石和面石:与砌体一样,我们把石料长边平行而外露于墙面的叫顺石;长边与墙面垂直、横砌露出侧面或端面的叫丁石(也叫顶石);石砌体中露出石面的外层砌石叫做面石。

(5)角石:又叫做护角石,砌筑于石砌体的角隅处,要求至少有两个平正面且近于垂直的大面。

(6)拉结石:横砌的丁石,其长度要求贯穿整个墙厚的 2/3 以上,最好是六面整齐的石料,而且具有一定的厚度。

(7)腹石、垫石:对于较大的石料砌体,砌叠于面石和角石范围之内的叫做腹石。垫石又叫做垫片,主要用做嵌填石块并使之平正。特别是干砌毛石砌体,垫片是砌体的重要组成部分。

### 二、毛石砌体的组砌形式

毛石砌体的组砌形式一般有三种:一是丁顺分层组砌法;二是丁顺混合组砌法;三是交错混合组砌法。前两种方法适用于石料中既有毛石,又有条石和块石的情况;第三种方法适用于毛石占绝大多数的情况。由于所用的石料不规则,要求每砌一块石块要与左右上下有叠靠、与前后有搭接、砌缝要错开。每砌一块石块,都要放置稳固。有的毛石要用垫片稳固,但要求每一石块至少有四个点能与上下左右的其他石块有直接叠靠,不能只靠垫片起作用。由于毛石砌体所用石料多数是不规则的,在砌筑时,叠靠点应居于石块的外半部,而且要选择较大的较整齐的面朝外,每隔一定距离要砌一块拉结石。毛石的组砌形式如图 9-1 所示。

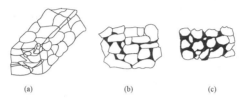

**图 9-1 毛石的组砌形式**
(a)砌筑形式;(b)毛石的杂纹砌法;(c)毛石的弧纹砌法

毛石砌体错误做法举例如图 9-2 所示,图 9-2(a)中的 A 和 B 两块石块产生的 $Q''_A$ 和 $Q''_B$ 力可以迫使小石块产生滑动,从而使墙体变形直至倒塌。图 9-2(b)中的 A 和 B 两块石块在自身重力的作用下,可能直接从墙体中滑下,导致墙体倒塌。

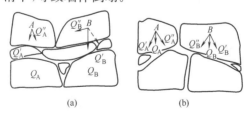

**图 9-2 错误的组砌方式**
(a)剪力的作用使小石块滑动;(b)自身重力使石块滑动

### 三、毛石砌筑中的选石

毛石从山上开采下来时是不规则的,要通过选石和修整才能合理地砌到墙上去。选石中首先是剔除风化石,对过分大的石块要用大锤砸开,使毛石的大小适宜(一般以每块 30kg 左右,一个人能双手抱起为宜)。由于岩石纹理的缘故,毛石虽然不规则,但一般有两个大致平整的面,挑选毛石时要充分利用这一有利条件。

砌石时,以目测的方法来选定合适的石块,根据砌筑部位槎口的形式和大小、墙面的缝式要求等来挑选。挑选石块是一种技术性和艺术性很强的工作,要通过大量的实践才能积累经验取得较好的外观效果。

**四、毛石的砌筑方法**

毛石的砌筑有浆砌法和干砌法两种形式。

浆砌法又分灌浆法和挤浆法。灌浆法适用于基础,其方法是:按层铺放块石,每砌 3～4 皮为一分层厚度,每个分层高度应找一次平,然后灌入流动性较大的砂浆,边灌边捣,对于较宽的缝隙,可在灌浆后打入小石块,挤出多余的砂浆。挤浆法是先铺筑一层 3～5cm 厚的砂浆,然后放置石块,使部分砂浆挤出,砌平后再铺浆并把砂浆灌入石缝中,再砌上面一层石块。挤浆砌筑法是最常用的方法。

干砌法适用于受力较小的墙体,先将较大的石块进行排放,边排放边用薄小石块或石片嵌垫,逐层砌筑,砌成以后可用水泥砂浆勾嵌石缝。干砌法工效较低,并且整体性较浆砌法差。

# 第二节　毛石墙身的砌筑

**一、毛石墙身砌筑工序**

准备工作→确定砌筑方法→砌筑→收尾工作。

**二、准备工作**

(1)砌毛石墙应在基槽和室内回填土完成以后进行,由于毛石比较笨重,应尽量双面搭设脚手架砌筑。

(2)认真阅读图纸,明确门窗洞口、预留预埋件的位置和埋设方法,了解施工流水段,确定材料运输顺序和道路,避免二次搬运。

(3)毛石墙无法像砖墙一样绘出皮数杆,一般为绘制线杆,线杆上表示出窗台、门窗上口、圈梁、过梁、预留洞、预埋件、楼板和檐口等。

(4)检查原材料:砌毛石墙的原材料与砌毛石基础的要求一样,值得重视的是石块不能缺楞、少角,石块外形不得过于不规则。

(5)检查基础顶面的墨线是否符合设计规定,标高是否达到要求。

### 三、确定砌筑方法

1. 采用角石的砌法

角石要选用三面都比较方正而且比较大的石块,缺少合适的石块时应该加工修整。角石砌好以后可以架线砌筑墙身,墙身的石块也要选基本平整的放在外面。选墙面石的原则是"有面取面,无面取凸"。

同一层的毛石要尽量选用大小相近的石块,同一堵墙的砌筑,应把大的石块砌在下面,小的砌到上面,这样可以给人以稳定感。如果是清水墙,应该选取棱角较多的石块,以增加墙面的装饰美。

2. 采用砖抱角的砌法

砖抱角的做法如图 9-3 所示。

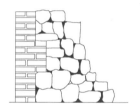

**图 9-3　毛石墙的砖抱角砌法**

砖抱角是在缺乏角石材料,又要求墙角平直的情况下使用的。它不仅可用于墙的转角处,也可以使用在门窗口边。砖抱角的做法是在转角处(门窗口边)砌上一砖到一砖半的角,一般砌成五进五出的弓形槎。砌筑时应先砌墙角的五皮砖然后再砌毛石,毛石上口要基本与砖面平,待毛石砌完这一层后,再砌上面的五皮砖,上面的五皮要伸入毛石墙身半砖长,以达到拉结的要求。

### 四、砌筑

1. 墙身的砌筑要求

因毛石墙的砌筑要求比基础高,更应重视选石的工作,而且要注意大小石块搭配,避免把好石块在下半部用完,增加砌筑上部墙身时的困难。墙角的各层石块应互相压搭,不得留通缝,如图 9-4 所示。

毛石墙砌好一层以后,要用小石块填充墙体空隙,不能只填砂浆不

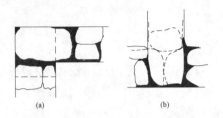

图 9-4  毛石墙的转角和接头(虚线表示下层石块位置)
(a)墙角;(b)丁字接头

填石块,也不能只填石块,使砂浆无法进入。墙身要考虑左右错缝,也要考虑里外咬接,要正确使用拉结石,避免砌成夹心墙。图 9-5 是毛石墙的断面图,说明墙身的正确做法和错误做法,以供参考。

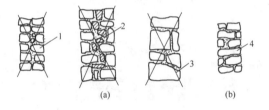

图 9-5  毛石墙身的砌筑
(a)不正确;(b)正确
1—淌水石;2—夹心墙;3—铲口石;4—连心石

毛石墙每天的砌筑高度不得超过 1.2m,以免砂浆没有凝固,石材自重下沉造成墙身鼓肚或坍塌。接槎时要将槎口的砂浆和松动的石块铲除,洒水润湿,再将要接砌的石墙接上去。砌筑毛石墙是把大小不规则的石块组砌成表面平整、花纹美观的砌体,是一项复杂的技术工作,只有不断反复实践才能达到理想的效果。

2.砌筑要领

砌筑要领有搭、压、拉、槎、垫等几个因素。

(1)搭:砌毛石墙都是双面挂线、内外搭脚手架同时操作,要求里外两面的操作者配合默契。所谓搭,就是外面砌一块长石,里面就要砌一块短石,使石墙里外上下都能错缝搭接。

(2)压:砌好的石块要稳,要承受得住上面的压力;上面的石块要摆稳,而且要以自重来增加下层石块的稳定性。砌好的石块要求"下口清、上口平"。下口清就是石块有整齐的棱边,砌入墙身前先要进行适当加工,打去多余的棱角,砌完后做到外口灰缝均匀,里口灰缝严。上口平是指留槎口里外要平,为上层砌石创造条件。

(3)拉:为了增加砌体墙体的稳定性和整体性,毛石墙每 0.7m² 要砌一块拉结石,拉结石的长度应为墙厚的2/3。当墙厚小于 40cm 时,可使用长度与墙厚相同的拉结石,但必须做到灰缝严密,防止雨水顺石缝渗入室内。

(4)槎:每砌一层毛石,都要给上一层毛石留出槎口,槎的对挺要平,使上下层石块咬槎严密,以增加砌体的整体性。留槎口应防止出现硬蹬槎或槎口过小的现象,当砌到窗口、窗上口、圈梁底和楼板底等处时,应跟线找平。找平槎口留出高度应结合毛石尺寸,但不得小于10cm,然后用小块石找平。

(5)垫:毛石砌体要做到砂浆饱满,灰缝均匀。由于毛石本身的不规则性,造成灰缝的厚薄不同,砂浆过厚,砌体容易产生压缩变形;砂浆过薄或块石之间直接接触,容易应力集中,影响砌体强度,因此在灰缝过厚处要用石片垫塞,石片要垫在里口不要垫在外口,上下都要填抹砂浆。

### 五、收尾工作

砌筑结束时,要把当天砌筑的墙都勾好砂浆缝,并根据设计要求的勾缝形式来确定勾缝的深度。当天勾缝,砂浆强度还很低,操作容易。当天勾缝既是补缝又是抠缝,对砂浆不足处要补嵌砂浆,对于多余的砂浆则应抠掉,可以采用抿子、溜子等作业。墙缝抹完后,可用钢丝刷、竹丝扫帚等清刷墙面,以使石面能以其美观的天然纹理面向外侧。

### 六、毛石和实心砖组合墙砌筑

有些地区采用砖和毛石两种材料砌成组合墙。应用于外墙时,外侧用毛石、内侧用砖砌组合墙砌法,毛石部分同毛石墙,砖砌体部分同砖墙,唯一要注意的是砖与毛石的交接处。

在毛石和实心砖的组合墙中,毛石砌体和砖砌体应同时砌筑,并每隔4～6皮砖用 4～6 皮砖与毛石砌体连接,两种砌体之间用砂浆填塞,至于砌几皮砖咬合要依据毛石的高度而定。

当用砖与毛石两种材料分别砌筑纵墙与横墙时,其转角和交接处应同时砌筑,砖墙与毛石墙之间也采用伸出砖块的办法连接。内外层组合墙的构造如图9-6所示。

毛石和实心砖内外墙组合的转角、交接处的构造,如图9-7所示。

图9-6　组合墙的构造

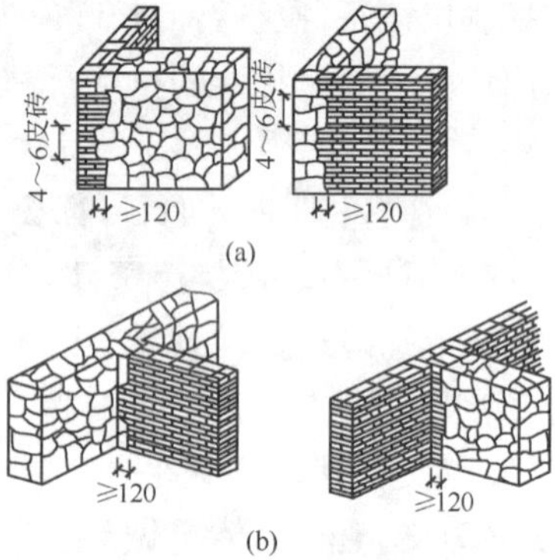

图9-7　毛石和实心砖组合墙构造
(a)转角处构造;(b)交接处构造

# 第三节　毛石墙勾缝

### 一、毛石墙勾缝工序

清理墙面、抠缝→确定勾缝形式→拌制砂浆→勾缝。

### 二、清理墙面、抠缝

勾缝前用竹扫帚将墙面清扫干净,洒水润湿。如果砌墙时没有抠好缝,就要在勾缝前抠缝,并确定抠缝深度,一般是勾平缝的墙缝要抠深5～10mm;勾凹缝的墙缝要抠深20mm;勾三角凸和半圆凸缝的要抠深5～10mm;勾平凸缝的,一般只要稍比墙面凹进一点就可以。

### 三、确定勾缝形式

勾缝形式一般由设计决定。凸缝可增加砌体的美观,但比较费力;凹缝常使用于公共建筑的装饰墙面;平缝使用最多,但外观不漂亮,挡土墙、护坡等最适宜。各种勾缝形式如图9-8所示。

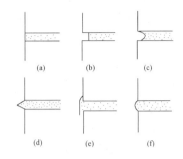

图 9-8　石墙的勾缝形式

(a)平缝;(b)平凹缝;(c)半圆形凹缝;

(d)三角形凸缝;(e)平凸缝;(f)半圆形凸缝

### 四、拌制砂浆

勾缝一般使用 1∶1 水泥砂浆,稠度 4～5cm,砂子可采用粒径为 0.3～1mm 的细砂,一般可用 3mm 孔径的筛子过筛。因砂浆用量不多,一般采取人工拌制。

### 五、勾缝

勾缝应自上而下进行,先勾水平缝后勾竖缝。如果原组砌的石墙缝纹路不好看时,也可增补一些砌筑灰缝,但要补得好看可另在石面上做出一条假缝,不过这只适用于勾凸缝的情况。

(1)勾平缝:用勾缝工具把砂浆嵌入灰缝中,要嵌塞密实,缝面与石面相平,并把缝面压光。

(2)勾凸缝:先用小抿子把勾缝砂浆填入灰缝中,将灰缝补平,待初凝后抹上第二层砂浆。第二层砂浆可顺着灰缝抹 0.5～1cm 厚,并盖住石棱 5～8mm,待收水后,将多余部分切掉,但缝宽仍应盖住石棱 3～4mm,并要将表面压光压平,切口溜光。

(3)勾凹缝:灰缝应抠进 20mm 深,用特制的溜子把砂浆嵌入灰缝内,要求比石面深 10mm 左右,将灰缝面压平溜光。

### 六、毛石墙勾缝的质量要求

外露面的灰缝厚度不得大于 40mm,两个分层高度间分层处的错缝不得小于 80mm。

石墙的勾缝要求嵌填密实、黏结牢固,不得有搭槎、毛疵、舌头灰等。凸缝应表面平整一致、花纹美观,其宽度与高度也要平整一致、外观舒畅。

### 七、操作注意事项

(1)勾缝前必须浇水润湿、清理表面。

(2)对于原砌纹理不美观的,应由专人修补。

(3)要加工统一的、适合石缝的溜子。

(4)原墙面要清理干净,石缝勾抹完毕,要对墙面清理。

## 第四节 料石砌筑

### 一、料石基础砌筑

料石基础宜用粗料石或毛料石与水泥砂浆砌筑。料石的宽度、厚度均不宜小于 200mm,长度不宜大于厚度的 4 倍。料石强度等级应不低于 M20。砂浆强度等级应不低于 M5。

料石基础砌筑前,应清除基槽底杂物;在基槽底面上弹出基础中心线及两侧边线;在基础两端立起皮数杆,在两皮数杆之间拉准线,依准线进行砌筑。

料石基础的第一皮石块应坐浆砌筑,即先在基槽底摊铺砂浆,再将石块砌上,所有石块应丁砌,以后各皮石块应铺灰挤砌,上下错缝,搭砌紧密,上下皮石块竖缝相互错开应不少于石块宽度的 1/2。料石基础立面组砌形式宜采用一顺一丁,即一皮顺石与一皮丁石相间。

阶梯形料石基础,上阶的料石广泛压砌至下阶料石的 1/3(图 9-9)。

料石基础的水平灰缝厚度和竖向灰缝宽度不宜大于 20mm。灰缝中砂浆应饱满。

料石基础宜先砌转角处或交接处,再依准线砌中间部分,临时间断处应砌成斜槎。

### 二、料石墙砌筑

料石墙宜用细料石、半细料石、粗料石或毛料石与水泥砂浆(或水泥混合砂浆)砌筑。料石强度等级应不低于 M15,砂浆强度等级应不低于 M2.5。料石的宽度、厚度均不宜小于 200mm，长度不宜大于厚度的 4 倍。

料石墙宜采用铺灰挤砌法进行砌筑，上下皮石块应相互错缝，错缝宽度应不小于石块宽度的 1/2。

料石墙的立面组砌形式有全顺、二顺一丁和丁顺组砌。全顺是每皮均为顺石；二顺一丁是每隔二皮顺石砌一皮丁石；丁顺组砌是同皮内每砌几块顺石砌一块丁石（图 9-10）。

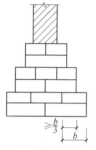

图 9-9　阶梯形料石基础

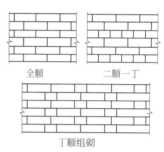

全顺　　　　二顺一丁

丁顺组砌

图 9-10　料石墙立面组砌形式

料石墙的灰缝厚度，应按料石种类确定，细料石墙不宜大于 5mm，半细料石墙不宜大于 10mm，粗料石和毛料石墙不宜大于 20mm。灰缝中砂浆应饱满。

在料石和砖的组合墙中，料石墙和砖墙应同时砌筑，并每隔 2～3 皮料石用丁砌石与砖墙拉结砌合，丁砌石的长度宜与组合墙厚度相等（图 9-11）。

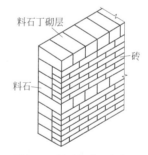

图 9-11　料石和砖组合墙

料石墙宜从转角处或交接处开始砌筑，再依准线砌中间部分，临时间断处应砌成斜槎，斜槎长度应不小于斜槎高度。料石墙每日砌筑高度宜不超过1.2m。

# 第十章 | 小型构筑物砌筑

## 第一节 烟囱砌筑

### 一、砖烟囱的构造

砖烟囱的构造分为基础、筒身、内衬、隔热层及附属设施(如铁爬梯、箍筋圈、避雷针等)(图10-1)。

1. 砖烟囱基础

烟囱基础的构造在平面上一般为圆形。它是由垫层、底板、杯口、烟道口、人孔、内衬、排水坡组成。

烟囱基础通常采用在现浇混凝土底板上砌筑大放脚基础,再收退到筒身底部的壁厚为止。

2. 砖烟囱筒身

烟囱筒身外形分为方、圆两种。砖烟囱筒身按高度分成若干段,每段的高度为10m左右,最多不超过15m;筒壁坡度宜采用2%～3%;筒壁厚度由下至上减薄。当筒身顶口内径不大于3m时,筒壁最小厚度为240mm;当筒身顶口内径大于3m时,筒壁最小厚度为370mm,每一段的厚度相同。

砖烟囱顶部应向外侧加厚,加厚厚度以180mm为宜,并以阶梯形向外挑出,每阶挑出不宜超过60mm,加厚部分的上部应做1∶3水泥砂浆排水坡。内衬到顶的烟囱,其顶部应设钢筋混凝土压顶板。

砖烟囱的筒身应采用优等烧结普通黏土砖与水泥混合砂浆(或水

图10-1　砖烟囱筒身构造

泥砂浆)砌筑,砖的强度等级不低于 MU10,砂浆强度等级不低于 M5。筒身顶部和底部各 5m 左右高度内,砂浆强度等级应提高一级。

3.内衬

砖烟囱筒身内衬悬臂,应以台阶形式向内挑出,其宽度为内衬和隔热层的总厚度。每一台阶的高度一般为:第一阶不小于 120mm;第二阶不小于 180mm;第三阶不小于 240mm;第四阶不小于 360mm。每一台阶的挑出宽度应不大于 60mm。

砖烟囱局部设置内衬时,其最低设置高度应超过烟道孔顶,超出高度不应小于 1~2 倍孔高。一般内衬的厚度应通过计算确定。烟道进口处一节的筒壁或基础内衬厚度,不应小于 200mm 或一砖,其他各节不应小于 100mm 或半砖。两节内衬的搭接长度不应小于 360mm 或 6 皮砖。

筒身内衬应根据筒身内温度,分别采用耐火砖(高于 500℃)和 MU10 黏土砖(低于 500℃)砌筑。内衬砌筑时,常用下列砂浆或泥浆:普通黏土砖内衬当废气温度在 400℃以下时,可用 M2.5 水泥混合砂浆砌筑;当废气温度在 400℃以上时,可用黏土砂浆砌筑。

4.隔热层

隔热层设置在内衬和筒壁之间。

隔热层分为空气隔热层和填料隔热层两种。

(1)空气隔热层。厚度一般为 50mm,同时在内衬外表面按纵向间距 1m,环向间距 0.5m 的要求挑出一块顶砖,顶砖与筒壁间应留出 10mm 宽的缝隙。

(2)填料隔热层。用高炉矿渣、蛭石、矿渣棉等松散的材料作为隔热层时,填料层的厚度一般为 80~200mm。还应在内衬外表面按纵向间距 1.5~2.5m 设置一圈防沉带。防沉带与筒壁间应留 10mm 宽的温度缝。

采用空气隔热层在内衬外表面挑出的顶砖和采用填料隔热层在内衬外表面设置的防沉带,应在砌筑内衬时按设计要求完成。

5.附属设施

(1)环形钢筋箍。砖烟囱的筒身应配置直径为 6mm 或直径为

8mm 的环形钢筋箍,间距不应大于 8 皮砖。同一平面内环形箍筋不宜多于 2 根,2 根钢筋的间距为 30mm,钢筋搭接长度为 40$d$,接头位置互相错开,钢筋的保护层为 30mm。

(2)烟囱的外爬梯。为观察及维修烟囱之用,同时也是为了检查及修理信号灯、避雷针等设施时使用。

砖烟囱的外爬梯,用直径 19~25mm 的圆钢撖成,末端向上,弯曲约 40mm;每隔 5 皮砖左右交错埋置一个,埋入砌体内的深度不得小于 240mm,露在筒身外面长度为 200mm。高度在 50m 以下的砖烟囱,从离地面 15m 起,每隔 10m 安装一个休息爬梯。高度大于 50m 的烟囱,爬梯应设置围栏及可折叠的休息板。

砖烟囱的爬梯、围栏及其他埋设金属件,应在筒壁砌筑过程中安装,并在安装前将外露部分涂刷防锈剂,安装后在连接处再补刷一遍。烟囱附件的螺栓均应拧紧,不得遗漏。爬梯及其围栏应上下对正。

(3)避雷设施。烟囱是矗立在高空中的构筑物,为防止雷击,须装置避雷设施。

避雷设施包括避雷针、导线及接地极等。避雷针用直径 38mm、长 3.5m 的镀锌钢管制成,顶部尖端应超过烟囱筒身顶 1.8m;避雷针的数量取决于烟囱的高度与筒口的直径。避雷针用直径 10~12mm 的镀锌钢绞线连成一体,下端连接点与导线用铜焊焊接严密。导线沿外爬梯至地下与接地极扁钢带焊接。

接地是由镀锌扁钢带与数根接地极焊接而成。接地极用直径 50mm 的镀锌钢管或角钢制作,沿烟囱基础四周成环形布置,并用镀锌扁钢带焊接在一起,最好在基础回填土时埋设。接地极的数量根据土的种类而定。

**二、圆烟囱砌筑**

1.定位放线

底板施工完毕后,对烟囱前后左右的标志板用经纬仪校准检查,确定烟囱中心点后,用线坠把中心点引到基础面上,并在中心点处安设中心桩,然后在桩的中心点处钉上小钉,拴细铁丝,根据中心点弹出圆周线。

2.基础砌筑

(1)基础排砖摆底前,应根据大放脚底标高位置检查基底标高是否准确。如需做找平,则要找平到皮数杆第一皮整砖以下。找平厚度大于 20mm 时,应用 C20 细石混凝土找补平;找平厚度小于 20mm 时,可用 1∶2 水泥砂浆抹平。基础找平后,应浇水湿润,才可进行下道工序施工。

(2)砌筑时应先在圆周上摆砖,采用全丁法砌筑排列,摆砖合适后方可正式砌砖。排砖时,内圈竖向灰缝宽度不小于 5mm,外圈竖向灰缝宽度不大于 12mm。

(3)基础的大放脚沿圆周收退,收到筒壁厚时,应根据中心桩进行检查。基础筒壁没有收分坡度,可用普通靠尺板检查垂直度,用皮数杆控制标高。

(4)基础砌完后,要及时进行垂直度、水平标高、中心偏差、圆周尺寸(圆度)、上口水平度等的全面检查验收。

(5)合格后抹好防潮层,进行基坑的回填,回填土应分层夯实,每层厚度不得大于 200mm。回填土应稍高出地面,以利排水。回填土夯实后,再做排水护坡。

(6)基础位置和尺寸的允许偏差,不应超过表 10-1 的规定。

表 10-1　　　　　　　　　基础位置和尺寸的允许偏差

| 项次 | 名　　称 | 允许偏差/mm |
|---|---|---|
| 1 | 基础中心点对设计坐标的位移 | 15 |
| 2 | 基础上表面的标高 | 20 |
| 3 | 基础杯口的壁厚 | 20 |
| 4 | 基础杯口的内半径 | 内半径的 1%,且不超过 40 |
| 5 | 基础杯口内表面的局部凹凸不平(沿半径方向) | 内半径的 1%,且不超过 40 |
| 6 | 基础底板的外半径 | 外半径的 1%,且不超过 50 |
| 7 | 基础底板的厚度 | 20 |

(7)高度大于 50m 的烟囱,应在散水标高以上 500mm 处的筒身上,埋设 3~4 个水准观测点,进行沉降观测;建筑在湿陷性大孔土上的烟

囱,不论其高度,均应埋设水准观测点,进行沉降观测。

3. 筒壁砌筑

(1)筒壁应采用丁砖砌筑,上下皮竖向灰缝相互错开 1/4 砖长。当筒壁外径大于 5m 时,也可采用顺砖和丁砖交替砌筑(梅花丁砌法)。

(2)当筒壁厚度不大于一砖半时,内外层可采用半截砖,但小于半砖的碎砖不得使用。

(3)筒壁的竖向灰缝宽度和水平灰缝厚度应为 10mm;上下皮砖的环缝应相互错开 1/2 砖长,辐射缝应相互错开 1/4 砖长。灰缝中砂浆必须饱满,水平灰缝的砂浆饱满度不得低于 80%,竖向灰缝宜采用挤浆或加浆方法使其砂浆饱满,严禁用水冲浆灌缝。

(4)砌砖应稍向内倾斜,其倾斜度应与筒壁外表面的坡度相等,每一皮砖应控制在同一水平面上。

(5)对筒壁的中心线垂直度和半径,应每砌 0.5m 高度检查一次。检查方法:在筒壁顶上放一个木制轮杆尺,轮杆尺中心挂一个 8~12kg 重的线锤,使线锤尖正对中心桩上的中心点,转动轮杆尺,就可依据轮杆尺上画出的每一砌筑高度筒壁外半径的标记,看出筒壁外圆弧每一处的尺寸是否正确。

(6)筒壁外表面的倾斜度,除用轮杆尺检查外,还可以用斜坡靠尺检查。斜坡靠尺的一边做成斜的,其坡度与筒壁外表面的倾斜度相等。检查时将斜坡靠尺的斜边紧靠筒壁,靠尺保持垂直,看线锤是否与靠尺上墨线重合,如果不合,表示筒壁倾斜度不对。

(7)对检查出的偏差,应在砌筑过程中逐渐纠正。

(8)外壁砌筑时灰缝要随砌随刮缝、勾缝,缝要勾成风雨缝。

(9)烟囱每天砌筑高度宜控制在 1.8~2.4m。

4. 内衬砌筑

内衬一般与筒壁同时砌筑。衬壁厚为半砖时,用顺砖砌筑,错缝搭接为半砖;衬壁厚为一砖时,丁砖顺砖交替砌筑,错缝搭接为 1/4 砖长。

内衬用普通黏土砖砌筑,灰缝厚度不得大于 8mm;内衬用耐火砖砌筑,灰缝厚度不得大于 4mm。

砌筑时,筒身与内衬的空气隔热层内,不允许落入砂浆或砖屑;填充材料隔热层每砌 4～5 皮砖填充 1 次,并轻轻捣实。构造节点处要挑出内檐盖住隔热层的上口,以免灰尘落入。为防止由于隔热材料的自重过大而产生体积压缩,应沿内衬高度每 2～2.5m 砌一圈减荷带。

为保证内衬的稳定,水平方向沿筒身周长每隔 1m,垂直方向每隔0.5m,须上下交错地挑出一块砖与烟囱壁顶住。

内衬每砌高 1m,应在内侧表面刷上一遍耐火泥浆,以防漏烟。

5. 烟道砌筑

烟道外壁和内衬要同时砌筑。

当烟道两侧外墙及内衬砌到拱脚高度时,应根据拱脚标高,安放预先做好的砌拱胎模,并支撑牢固。砌筑拱顶处,先做内衬耐火砖的拱璇,砖与砖在长度方向要咬槎 1/2 砖,灰缝不超过 4mm。内衬砌好后,铺设草帘等材料作为上层拱砖的底模,然后砌筑上层拱顶。砌好后再在灰缝中灌水泥砂浆,待强度达到要求,方可拆除胎模。

胎模拆除后,铺砌烟道底面耐火砖。

烟道与烟囱及炉窑接口处,要留出 20mm 的沉降缝。

烟道入口拱璇的拱顶与拱底在囱身突出的尺寸不同。在囱身砌筑时,应在烟道口的两侧砌出同一标高的砖垛;特别要注意的是,拱座是垂直砌筑,而囱身是向内收坡,防止砌成错位墙。后面的出灰口较小,但砌筑时亦应要求相同。

囱身外壁上的通风散热孔,应按图纸要求留出 60mm×60mm 的孔洞。

6. 囱身顶部收口

囱壁顶部应向外壁外侧挑砖形成出檐,一般挑出三皮砖约180mm,挑出部分砂浆要饱满,顶面应用 1∶3 水泥砂浆抹成排水坡。

7. 囱身附件预埋

砌入囱身的铁附件,均须事先涂刷防锈漆,并在砌筑囱身时按设计位置预埋牢固,不得遗漏。上人爬梯的铁镫应埋入壁内最少 240mm,并应用砂浆窝砌结实。环向铁箍应按设计要求安装,螺丝拧紧后,将外露丝口凿毛,防止螺母松脱,每个铁箍的接头应上下错开。铁休息平台应在囱壁砌筑时按图留出铁脚埋入洞孔,安装时用强度等级在 C20 以上混凝土浇筑牢固。地震设防要求在烟囱内加设的纵向及环向抗震钢筋，砌筑时必须按设计要求认真埋放。所有外露铁件均要在防锈漆外再刷二遍调和漆。

8. 烟囱烘干

常温季节施工的烟囱，可于临近生产前烘干；用冻结法砌筑的砖烟囱，在砌砖结束后，必须立即加热和烘干；通风烟囱可不烘干。

烘干烟囱前，应根据烟囱的结构和施工季节等制订烘干温度曲线和操作规程。其主要内容应包括：烘干期限、升温速度、恒温时间、最高温度、烘干措施和操作要点等。

烘干后不立即投入生产的烟囱，在烘干温度曲线中应注明降温速度。当降到 100℃ 时，将烟道口堵死，让其自然冷却。

砖烟囱的烘干时间可采用表 10-2 的规定。

表 10-2 　　　　　　砖烟囱的烘干时间（昼夜）

| 项次 | 烟囱高度/m | 常温施工 | | 冬季施工 | |
|---|---|---|---|---|---|
| | | 无内衬的 | 有内衬的 | 无内衬的 | 有内衬的 |
| 1 | 40 以下 | 3 | 4 | 5 | 7 |
| 2 | 41~60 | 4 | 5 | 6 | 8 |
| 3 | 61~80 | 5 | 6 | 8 | 10 |
| 4 | 81~100 | 7 | 8 | 10 | 13 |

注：1.采用冻结法砌筑的砖烟囱，而且烘干后又不立即投入生产的，其烘干时间应增加 2~3 昼夜。在此时间内，应保持在烘干温度曲线内所规定的最高温度。

　　2.冬季已经烘干过的，但到生产前相隔了两个月以上的烟囱，应在第二次烘干后再投入生产，其烘干时间可减少一半

烘干烟囱时，应逐渐地升高温度，其最高温度可采用表 10-3 的规定。

表 10-3 　　　　　　砖烟囱烘干最高温度

| 烟囱分类 | 无内衬的 | 有内衬的 |
|---|---|---|
| 烘干最高温度/℃ | 250 | 300 |

注：如烟囱设计温度低于烘干最高温度时，则烘干最高温度不应超过设计温度

从工业炉（尤其是焦炉和平炉）往烟囱内排放烟气时，在最初阶段

应系统地检查烟气的成分,调整燃烧过程,不得有燃烧不完全的气体通过缝隙和闸板流入烟囱,以免气体在烟囱内燃烧和爆炸。

烟囱烘干后如有裂缝,应进行修理。已经烘干的砖烟囱,在冷却后应再次拧紧筒壁上环箍的螺栓。

### 三、方烟囱砌筑

方烟囱的砌筑方法与圆烟囱基本相同,差异有以下几点:

(1)方烟囱可不用丁砌法,而用丁顺砌法。

(2)砌方烟囱时要每皮砖都砌平,因此,方烟囱的收分采用踏步式。砌筑前应按坡度事先算好每皮收分的数值。例如坡度为 2.5%,则每米高度应收分25mm,若每米高以 16 皮砖计,则每皮砖需收分 25/16＝1.56(mm)。

为达到错缝要求,可砍出 3/4 砖。由于每皮踏步收分,砍砖不能因收分把转角处的砖砍掉,转角处应保留 3/4 砖,而将须砍部分在墙身内调整。

(3)方烟囱的坡度检查,除四角外,应在每边的中点处进行。

(4)检查不同标高的截面尺寸时,方烟囱主要检查四角顶至中心的距离,即方烟囱的外接圆半径。因此,所用引尺的划数应将不同标高的方形边乘以0.701的系数。

(5)方烟囱一般不留通气孔,必须设置时,应避开四个顶角。

(6)避雷针、铁爬梯等附设铁件,应设置在常年背风的一面。

# 第二节 渗井、窨井、化粪池砌筑

这些构筑物一般应采用普通砖砌筑。砖的含水率不宜小于15%,但也不宜饱和;应采用水泥砂浆严实砌筑,严禁砖与砖之间无浆接触(渗井例外)。砌体应同时砌筑,当同时砌筑确有困难时,应砌成阶梯形斜槎。

### 一、渗井砌筑

当建筑物污水不能直接排入下水道时,往往采用渗井排除。渗井应选择在离房屋较远、地势坑洼及土壤易于渗水的地方,渗井的直径和

深度取决于排污量。砌筑渗井前,应先挖井坑1～1.5m深,然后在坑底安放木制或混凝土制的井盘,在井盘上砌砖,其过程如下:

在井坑上支设十字中心杆,吊线锤校正井底中心,根据中心安放井盘,盘面保持水平,如图10-2所示。

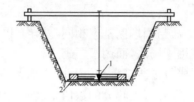

**图10-2 渗井砌法**
1.线锤;2.井盘

经检查无误后,开始砌砖。可采用全丁组砌法干砌,内表面砖块应靠紧,外表面的喇叭口要用碎砖挤牢。上下层砖缝要互相错开、咬合,砖面高低处可用黄砂垫平。砌完几层,用轮圆杆检查圆周,用铁水平检查平整。

每砌1～1.5m,落盘一次进行对中和水平检查,然后按设计要求,在井底填入卵石或碎石,并沿井坑的四周围分层填土,夯打坚实。井身应按设计尺寸,逐层均匀收分,并随时检查井的圆周及上口是否平整。砌到污水管口下五皮砖时,开始用水泥砂浆砌筑,一直砌到井口。污水管必须同时砌入,并使承插口留在井外。砌完后,在渗井四周回填土,并分层夯实。

**二、窨井砌筑**

**1.窨井的构造**

窨井由井底座、井壁、井圈和井盖等构成,形状有方形与圆形两种。一般多用圆窨井(见图10-3),在管径大、支管多时则用方窨井。

**2.窨井砌筑要点**

(1)材料准备:

1)普通砖、水泥、砂子、石子等准备充足。

2)其他材料,如井内的爬梯铁脚、井座(铸铁、混凝土)、井盖等,均

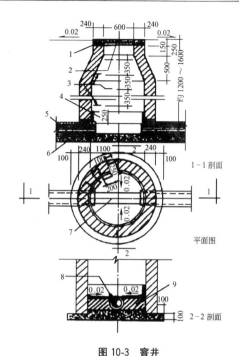

图 10-3　窨井

1—C10 素混凝土井圈；2—铸铁井盖；3—铁爬梯；

4—防水砂浆；5—下水管纵剖图；6—C10 混凝土井垫层；

7—半圆形凹槽贯通两管；8—下水管横断面；9—砖砌体

应准备好。

(2)技术准备：

1)井坑的中心线已定好，直径尺寸和井底标高已复测合格。

2)井的底板已浇灌好混凝土，管道已接到井位处。

3)除一般常用的砌筑工具外，还要准备 2m 钢卷尺和铁水平尺等。

(3)井壁砌筑：

1)砂浆应采用水泥砂浆，强度等级按图纸确定，稠度控制在 80～100mm，冬期施工时砂浆使用时间不超过 2h，每个台班应留设一组砂浆试块。

2)井壁一般为一砖厚(或由设计确定)，方井砌筑采用一顺一丁组砌法；圆井采用全丁组砌法。井壁应同时砌筑，不得留槎；灰缝必须饱满,不得有空头缝。

3)井壁一般都要收分。砌筑时应先计算上口与底板直径之差,求出收分尺寸,确定在何层收分,然后逐皮砌筑收分到顶,并留出井座及井盖的高度。收分时一定要水平,要用水平尺经常校对,同时用卷尺检查各方向的尺寸,以免砌成椭圆井和斜井。

4)管子应先排放到井的内壁里面,不得先留洞后塞管子。要特别注意管子的下半部,一定要砌筑密实,防止渗漏。

5)从井壁底往上每5皮砖应放置一个铁爬梯脚蹬,梯蹬一定要安装牢固,并事先涂好防锈漆,见图10-4。

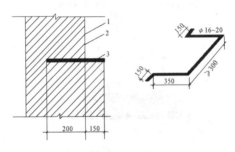

图 10-4　铁爬梯蹬
1—砖砌体;2—井内壁;3—脚蹬

(4)井壁抹灰。在砌筑质量检查合格后,即可进行井壁内外抹灰,以达到防渗要求。

1)砂浆采用1∶2水泥砂浆(或按设计要求的配合比配制),必要时可渗入水泥含量3%～5%的防水粉。

2)壁内抹灰采用底、中、面三层抹灰法。底层灰厚度为5～10mm,中层灰为5mm,面层灰为5mm,总厚度为15～20mm,每层灰都应用木抹子压光,外壁抹灰一般采用防水砂浆五层操作法。

(5)井座与井盖可用铸铁或钢筋混凝土制成。在井座安装前,测好标高水平再在井口先做一层100～150mm厚的混凝土封口,封口凝固后再在其上铺水泥砂浆,将铸铁井座安装好。经检查合格,在井座四周抹1∶2水泥砂浆泛水,盖好井盖。

(6)在水泥砂浆达到一定强度后,经闭水试验合格,即可回填土。

3.砌筑质量要求

砌体砌筑质量要求如下:

(1)砌体上下错缝、无裂缝。

(2)窖井表面抹灰无裂缝、空鼓。

### 三、化粪池砌筑

1.化粪池的构造

化粪池由钢筋混凝土底板、隔板、顶板和砖砌墙壁等组成。化粪池的埋置深度一般均大于3m,且要在冻土层以下。它一般是由设计部门编制成标准图集,根据其容量大小编号,建造时设计人员按需要的大小对号选用。图10-5为化粪池的示意图。

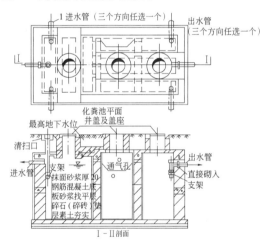

图 10-5　化粪池

2.化粪池砌筑要点

(1)准备工作:

1)普通砖、水泥、中砂、碎石或卵石,准备充足。

2)其他如钢筋、预制隔板、检查井盖等,要求均已备好料。

3)基坑定位桩和定位轴线已经测定,水准标高已确定并做好标志。

4)基坑底板混凝土已浇好,并进行了化粪池壁位置的弹线,基坑底板上无积水。

5)已立好皮数杆。

(2)池壁砌筑：

1)砖应提前1天浇水湿润。

2)砌筑砂浆应用水泥砂浆,按设计要求的强度等级和配合比拌制。

3)一砖厚的墙可以用梅花丁或一顺一丁砌法;一砖半或二砖墙采用一顺一丁砌法。内外墙应同时砌筑,不得留槎。

4)砌筑时应先在四角盘角,随砌随检查垂直度,中间墙体拉准线控制平整度;内隔墙应跟外墙同时砌筑。

5)砌筑时要注意皮数杆上预留洞的位置,确保孔洞位置的正确和化粪池使用功能。

(3)凡设计中要安装预制隔板的,砌筑时应在墙上留出安装隔板的槽口,隔板插入槽内后,应用1:3水泥砂浆将隔板槽缝填嵌牢固(图10-6)。

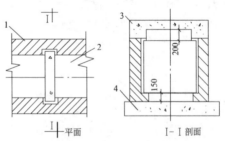

**图10-6 化粪池隔板安装**

1—砖砌体;2—混凝土隔板;3—混凝土顶板;4—混凝土底板

(4)化粪池墙体砌完后,即可进行墙身内外抹灰。内墙采用三层抹灰,外墙采用五层抹灰,具体做法同窨井。采用现浇盖板时,在拆模之后应进入池内检查并修补。

(5)抹灰完毕可在池内支撑现浇顶板模板,绑扎钢筋,经隐蔽验收后即可浇灌混凝土。

顶板为预制盖板时,应用机具将盖板(板上留有检查井孔洞)根据方位在墙上垫上砂浆吊装就位。

(6)化粪池顶板上一般有检查井孔和出渣井孔,井孔要由井身砌到地面。井身的砌筑和抹灰操作同窨井。

(7)化粪池本身除了污水进出的管口外,其他部位均须封闭墙体,在回填土之前,应进行抗渗试验。试验方法是将化粪池进出口管临时堵住,在池内注满水,并观察有无渗漏水,经检验合格符合标准后,即可回填土。回填土时顶板及砂浆强度均应达到设计强度,以防墙体被挤压变形及顶板压裂,填土时要求每层夯实,每层可虚铺 300~400mm。

(8)化粪池砌筑质量要求如下:

1)砖砌体上下错缝,无垂直通缝。

2)预留孔洞的位置符合设计要求。

3)化粪池砌筑的允许偏差同砌筑墙体要求。

# 第十一章 | 地面砖及石材路面铺砌

## 第一节　地面材料及构造要求

### 一、地面砖的类型和材质要求

#### 1. 普通砖

普通砖即一般砌筑用砖,规格为 240mm×115mm×53mm,要求外形尺寸一致、不翘曲、不裂缝、不缺角,强度不低于 MU7.5。

#### 2. 缸砖

采用陶土掺以色料压制成型后烘烧而成。一般为红褐色,亦有黄色和白色,表面不上釉,色泽较暗。形状有正方形、长方形和六角形等。规格有 100mm×100mm×10mm、150mm×150mm×15mm、150mm×75mm×15mm、100mm×50mm×10mm。质量上要求外观尺寸准确,密实坚硬,表面平整,无凹凸和翘曲,颜色一致,无斑,不裂,不缺损。抗压、抗折强度及规格尺寸符合设计要求。

#### 3. 水泥砖(包括水泥花砖、分格砖)

水泥砖是用干硬性砂浆或细石混凝土压制而成,呈灰色,耐压强度高。水泥平面砖常用规格 200mm×200mm×25mm;格面砖有 9 分格和 16 分格两种,常用规格有 250mm×250mm×30mm、250mm×250mm×50mm 等。要求强度符合设计要求,边角整齐,表面平整光滑,无翘曲。

水泥花砖系以白水泥或普通水泥掺以各种颜料,机械拌和压制成型。花式很多,分单色、双色和多种色三类。常用规格有 200mm×200mm×18mm、200mm×200mm×25mm 等。要求色彩明显、光洁耐磨、质地坚硬。强度符合设计要求,表面平整光滑,边角方正,无扭曲和缺棱掉角。

#### 4. 预制混凝土大块板

预制混凝土大块板是用干硬性混凝土压制而成,表面原浆抹光,耐压强度高,色泽呈灰色,使用规格按设计要求而定。一般形状有正方形、长方形和多边六角形。常用规格有 495mm×495mm,路面块厚度不应小于100mm,人行道及庭院块厚度应大于50mm,要求外观尺寸准确,边角方正,无扭曲、缺楞、掉角,表面平整,强度不应小于 20MPa 或符合设计要求。

5.地面砖用结合层材料

砖块地面与基层的结合层应使用砂子、石灰砂浆、水泥砂浆和沥青胶结料等。砂结合厚度为 20～30mm;砂浆结合层厚度为 10～15mm;沥青胶结料结合层厚度为2～5mm,如图 11-1 所示。

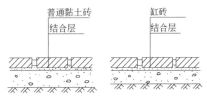

图 11-1 砖面层

(1)结合层用的水泥可采用普通硅酸盐水泥或矿渣硅酸盐水泥。

(2)结合层用砂应采用洁净无有机质的砂,使用前应过筛,不得采用冻结的砂块。

(3)结合层用沥青胶结料的标号应按设计要求经试验确定。

**二、地面构造层次和砖地面适用范围**

1.地面的构造层次及作用

(1)面层:直接承受各种物理和化学作用的地面或楼面的表面层。

(2)结合层(黏结层):面层与下一构造层相联结的中间层,也可作为面层的弹性基层。

(3)找平层:在垫层上、楼板上或填充层(轻质、松散材料)上起整平、找坡或加强作用的构造层。

(4)隔离层:防止建筑地面上各种液体(含油渗)或地下水、潮气渗透地面等作用的构造层,仅防止地下潮气渗透地面也可称作防潮层。

(5)填充层:在建筑地面上起隔声、保温、找坡或敷设管线等作用的构造层。

(6)垫层:承受并传递地面荷载于地基上的构造层。

砖地面和楼面的构造层次见图 11-2。

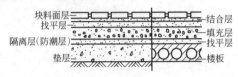

图 11-2　砖地面、砖楼面

2. 砖地面适用范围

(1)普通砖地面:室内适用于临时房屋和仓库及农用一般房屋的地面;室外用于庭院、小道、走廊、散水坡等。

(2)水泥砖:水泥平面砖适用于铺砌庭院、通道、上人屋面、平台等的地面面层;水泥格面砖适用于铺砌人行道、便道和庭院等。水泥花砖适用于公共建筑物部分的楼(地)面,如盥洗室、浴室、厕所等。

(3)缸砖:缸砖面层适用于要求坚实耐磨、不起尘或耐酸碱、耐腐蚀的地面面层,如实验室、厨房、外廊等。

(4)预制混凝土大块板:混凝土大块板具有耐久、耐磨、施工工艺简单方便快速等优点,并便于翻修。常用于工厂区和住宅的道路、路边人行道和工厂的一些车间地面、公共建筑的通道、通廊等。

# 第二节　地面砖铺砌施工要点

## 一、地面砖铺砌工序

准备工作→拌制砂浆→摆砖组砌→铺砌地面砖→养护、清扫干净。

## 二、准备工作

### 1. 材料准备

砖面层和板块面层材料进场应做好材质的检查验收,查产品合格证,按质量标准和设计要求检查规格、品种和强度等级。按样板检查图案和颜色、花纹,并应按设计要求进行试拼。验收时对于有裂缝、掉角和表面有缺陷的板块,应予剔出或放在次要部位使用。品种不同的地面砖不得混杂使用。

2. 施工准备

地面砖在铺设前,要先将基层面清理冲洗干净,使基层湿润。砖面层铺设在砂结合层上之前,砂垫层和结合层应洒水压实,并用刮尺刮平。砖面层铺设在砂浆结合层上的或沥青胶结料结合层上的,应先找好规矩,并按地面标高留出地面砖的厚度贴灰饼,拉基准线每隔 1m 左右冲筋一道,然后刮素水泥浆一道,用 1∶3 水泥砂浆打底找平,砂浆稠度控制在 30mm 左右,其水灰比宜为 0.4～0.5。找平层铺好后,待稍干即用刮尺板刮平整,再用木抹子打平整。对厕所、浴室的地面,应由四周向地漏方向做放射形冲筋、并找好坡度。铺时有的要在找平层上弹出十字中心线,四周墙上弹出水平标高线。

三、拌制砂浆

地面砖铺筑砂浆一般有以下几种:

(1)1∶2 或 1∶2.5 水泥砂浆(体积比),稠度25～35mm,适用于普通砖、缸砖地面。

(2)1∶3 干硬性水泥砂浆(体积比)以手握成团,落地开花为准,适用于断面较大的水泥砖。

(3)M5 水泥混合砂浆,配比由试验室提供,一般用作预制混凝土块黏结层。

(4)1∶3 白灰干硬性砂浆(体积比),以手握成团、落地开花为准,用作路面 250mm×250mm 水泥方格砖的铺砌。

四、摆砖组砌

地面砖面层一般依砖的不同类型和不同使用要求采用不同的摆砌方法。普通砖的铺砌形式有"直行""对角线"或"人字形"等,如图 11-3 所示。在通道内宜铺成纵向的"人字形",同时在边缘的一行砖应加工成 45°,并与地坪边缘紧密连接,铺砌时,相邻两行的错缝应为砖长度的 1/3～1/2。水泥花砖各种图案颜色应按设计要求对色、拼花、编号排列,然后按编号码放整齐。

缸砖、水泥砖一般有留缝铺贴和满铺砌法两种,应按设计要求确定

直行　　　　对角线　　　　人字形

**图 11-3　普通黏土砖铺地形式**

铺砌方法。混凝土板块以满铺砌法铺筑,要求缝隙宽度不大于 6mm。当设计无规定时,紧密铺贴缝隙宽度宜为 1mm 左右;虚缝铺贴缝隙宽度宜为 5～10mm。

**五、普通砖、缸砖、水泥砖面层的铺砌**

1. 在砂结合层上铺砌

按地面构造要求基层处理完毕,找平结束后,即可进行砖面层铺砌。

(1)挂线铺砌:在找平层上铺一层 15～20mm 厚的黄砂,并洒水压实,用刮尺找平,按标筋架线,随铺随砌筑。砌筑时上楞跟线以保证地面和路面平整,其缝隙宽度不大于 6mm,并用木槌将砖块敲实。

(2)填充缝隙:填缝前,应适当洒水并将砖拍实整平。填缝可用细砂、水泥砂浆。用砂填缝时,可先用砂撒于路面上,再用扫帚扫入缝中。用水泥砂浆填缝时,应预先用砂填缝至一半的高度,再用水泥砂浆填缝扫平。

2. 在水泥或石灰砂浆结合层上铺砌

(1)找规矩、弹线:在房间纵横两个方向排好尺寸,缝宽以不大于 10mm 为宜,当尺寸不足整块砖的位置时,可裁割半块砖用于边角处;尺寸相差较小时候,可调整缝隙。根据确定后的砖数和缝宽,在地面上弹纵横控制线,约每隔四块砖弹一根控制线,并严格控制方正。

(2)铺砖:从门口开始,纵向先铺几行砖,找好规矩(位置及标高)以此为筋压线,从里面向外退着铺砖,每块砖要跟线。在铺设前,应将水泥砖浸水湿润,其表面无明水方可铺设,结合层和板块应分段同时铺砌。

铺砌时,先扫水泥浆于基层,砖的背面朝上,抹铺砂浆,厚度不小于 10mm,砂浆应随铺随拌,拌好的砂浆应在初凝前用完。将抹好灰的砖码砌到扫好水泥浆的基层上,砖上楞要跟线,用木槌敲实铺平。铺好后,再拉线修正,清除多余砂浆。板块间、板块与结合层间,以及在墙角、镶边和靠墙边,均应紧密贴合,不得有空隙,亦不得在靠墙处用砂浆填补代替板块。

(3)勾缝:面层铺贴应在 24h 内进行擦缝、勾缝和压缝工作。缝的深度宜为砖厚的 1/3,擦缝和勾缝应采用同品种、同强度等级、同颜色的水泥。分缝铺砌的地面用 1∶1 水泥砂浆勾缝,要求勾缝密实,缝内平整光滑,深浅一致。满铺满砌法的地面,则要求缝隙平直,在敲实修好的砖面上撒干水泥面,并用水壶浇水,用扫帚将其水泥浆扫放缝内。亦可用稀水泥浆或 1∶1 稀水泥砂浆(水泥∶细砂)填缝。将缝灌满并及时用拍板拍振,将水泥浆灌实,同时修正高低不平的砖块。面层溢出的水泥浆或水泥砂浆应在凝结前予以清除,待缝隙内的水泥凝结后,再将面层清理干净。

(4)养护:普通砖、缸砖、水泥砖面层如果采用水泥砂浆作为结合层和填缝的,待铺完砖后,在常温下 24h 应覆盖湿润,或用锯末浇水养护,其养护不宜少于 7d,3d 内不准上人。整个操作过程应连续完成,避免重复施工影响已贴好的砖面。

3.在沥青胶结料结合层上铺砌

(1)砖面层铺砌在沥青胶结料结合层上与铺砌在砂浆结合层上,其弹线、找规矩和铺砖等方法基本相同。所不同的是沥青胶结料要经加热(150~160℃)后才可摊铺。铺时基层应刷冷底子油或沥青稀胶泥,砖块宜预热,当环境温度低于 5℃时,砖块应预热到 40℃左右。冷底子油刷好后,涂铺沥青胶结料,其厚度应按结合层要求稍增厚 2~3mm,砖缝宽为 3~5mm,随后铺砌砖块并用挤浆法把沥青胶结料挤入竖缝内,砖缝应挤严灌满,表面平整。砖上楞跟线放平,并用木锤敲击密实。

(2)灌缝:待沥青胶结料冷却后铲除砖缝口上多余的沥青,缝内不足处再补灌沥青胶结料,达到密实。填缝前,缝隙应予以清理,并使之干燥。

**六、混凝土大块板铺筑路面**

1.找规矩、设标筋

铺砌前,应对基层验收,灰土基层质量检验宜用环刀取样。如道路两侧须设路边侧石应拉线、挖槽、埋设混凝土路边侧石,其上口要求找平、找直,道路两头按坡向要求各砌一排预制混凝土块找准,并以此作为标筋,铺砌道路预制混凝土大块板。

2. 挂线铺砌

在已打好的灰土垫层上铺一层 25mm 厚的 M5 水泥混合砂浆,随铺浆随铺砌。上楞跟线以保证路面的平整,其缝宽不应大于 6mm,并用木槌将预制混凝土块敲实,不得采用向底部填塞砂浆或支垫砖块的找平方法。

3. 灌缝

其缝隙用细干砂填充,以保证路面整体性。

4. 养护

一般养护 3~5d,养护期间严禁开车重压。

## 第三节　铺筑乱石路面

1. 材料要求和构造层次

乱石路面是用不整齐的拳头石和方片石,铺层材料一般为煤碴、灰土、石砂、石碴等。

2. 摊铺垫层

在基层上,按设计规定的垫层厚度均匀摊铺砂或煤碴、灰土,经压实后便可铺排面层块石。

3. 找规矩、设标筋

铺砌前,应先沿路边样桩及设计标高,定出道路中心线和边线控制桩,再根据路面和路的拱度和横断面的形状要求,在纵横向间距 2m 左右见方设置标块石块,然后按线铺砌面石。

4. 铺砌石块

铺砌一般从路的一端开始,在路面的全宽上同时进行。铺时,先选用较大的块石铺在路边缘上,再挑选适当尺寸的石块铺砌中间部分,要纵向往前铺砌。路边块石的铺砌进度,可以适当比路中块石铺砌进度超前5～10m。

铺砌块石的操作方法有顺铺法和逆铺法两种:顺铺法是人蹲在已铺砌好的块石面上,面向垫层边铺边前进,此种铺法,较难保证路面的横向拱度和纵向平整度,且取石操作不方便;逆铺法是人蹲在垫层上,面向已铺砌好的路面边铺边后退,此法较容易保证路面的铺砌质量。要求砌排的块石,应将小头朝下,平整面、大面朝上,块石之间必须嵌紧、错缝,表面平整、稳固适用。

5.嵌缝压实

铺砌石块时除用手锤敲打铺实、铺平路面外,还需在块石铺砌完毕后,嵌缝压实。铺砌拳石路面,第一次用石碴填缝、夯打,第二次用石屑嵌缝,小型压路机压实。方头片石路面用煤碴屑嵌缝,先用夯打,后用轻型压路机压实。

6.养护

乱石路面铺完后需养护3d,在此期间不得开放交通。

# 第十二章　砌筑工程冬雨期施工

## 第一节　冬　期　施　工

按照《砌体工程施工质量验收规范》(GB 50203—2011)规定,当室外日平均气温连续5天稳定低于5℃时,或当日最低气温低于0℃时,砌筑施工属冬期施工阶段。

冬期砌砖突出的问题是砂浆遭受冰冻,因为砂浆中的水在0℃以下结冰,使水泥得不到水分而不能"水化",砂浆不能凝固,失去胶结能力而不具有强度,使砌体强度降低,或砂浆解冻后砌体出现沉降。冬期施工方法就是要采取有效措施,使砂浆达到早期强度,既保证砌筑在冬期能正常施工又保证砌体的质量。

### 一、冬期施工的技术要求

1. 对施工材料的要求

(1)砌体用砖或其他块材不得遭水浸冻,砌筑前应清除冰霜。

(2)砂浆宜采用普通硅酸盐水泥拌制。

(3)石灰膏、黏土膏和电石膏等应防止受冻。如遭冻结,应经融化后方可使用;受冻而脱水风化的石灰膏不可使用。

(4)拌制砂浆所用的砂,不得含有冰块和直径大于10mm的冻结块。

(5)拌和砂浆时,宜采用两步投料法。水的温度不得超过80℃,砂的温度不得超过40℃。当水温超过规定时,应将水和砂先行搅拌,再加水泥,以防出现假凝现象。

(6)冬期施工不得使用无水泥配制的砂浆。

2. 冬期砌筑的技术要求

(1)要做好冬期施工的技术准备工作,如搭设搅拌机保温棚;对使用的水管进行保温;砌筑一些工地烧热水的简易炉灶;准备保温材料(如草帘等);购置抗冻掺加剂(如食盐和氯化钙);准备烧热水用的燃料等。

(2)普通砖、空心砖在正温条件下砌筑时,应适当浇水润湿;而在负温条件下砌筑时,如浇水确有困难,则必须适当增大砂浆的稠度。而对抗震设防烈度为9度的建筑物,普通砖和空心砖无法浇水润湿时,又无特殊措施,那么不得砌筑。

(3)冬期施工砂浆的稠度参考值可见表 12-1。

表 12-1 冬期砌筑用砂浆的稠度

| 砌 体 种 类 | 稠度/cm |
|---|---|
| 砖砌体 | 8~13 |
| 人工砌的毛石砌体 | 4~6 |
| 振动的毛石砌体 | 2~3 |

(4)基础砌筑施工时,当地基土为不冻胀性土时,基础可在冻结的地基上砌筑;地基土为冻胀性时,必须在未冻的地基上砌筑。在施工时和回填土之前,均应防止地基土遭受冻结。

(5)砌筑工程的冬期施工,一般应以采用掺外加剂砂浆法为主。

(6)冬期砌筑砖石结构时对所用的砂浆温度要求如下:

1)采用砂浆掺外加剂法、暖棚法施工时,砂浆使用温度不应低于+5℃。

2)采用外加剂法配制砂浆,可采用氯盐或亚硝酸盐等外加剂。当气温低于-15℃时,可与氯化钙复合使用,砂浆强度等级应较常温施工提高一级。

(7)应采取措施尽可能减少砂浆在搅拌、运输、储放过程中的温度损失,对运输车和砂浆槽要进行保温。严禁使用已遭冻结的砂浆,不准单以热水掺入冻结砂浆内重新搅拌使用,也不宜在砌筑时向砂浆中随便掺加热水。

(8)砖砌体的灰缝宜在8~10mm,砂浆要饱满,灰缝要密实,宜采用"三一"砌筑法,以免砂浆在铺置过程中遭冻。冬期施工中,每天砌筑后应在砌体表面覆盖保温材料。

### 二、冬期砌筑的主要施工方法

掺外加剂砂浆是在砂浆中掺加氯化钠(即食盐),如气温更低时可以掺用双盐(即氯化钠和氯化钙)。掺盐是使砂浆中的水降低冰点,并能在空气负温下继续增长砂浆强度,从而也可以保证砌筑的质量。其掺盐量应符合表12-2的规定。

表 12-2　　　　　　　　掺盐砂浆的掺盐量(占用水量的百分比)

| 氯盐及砌体材料种类 | | 日最低气温/℃ | | | |
|---|---|---|---|---|---|
| | | ≥−10 | −11～−15 | −16～−20 | −21～−25 |
| 单掺氯化钠(%) | 砖、砌块 | 3 | 5 | 7 | — |
| | 石材 | 4 | 7 | 10 | — |
| 复掺(%) | 氯化钠 | — | — | 5 | 7 |
| | 氯化钙 | — | — | 2 | 3 |

注:氯盐以无水盐计,掺量为占拌和水质量百分比

掺盐砂浆使用时,应注意以下几点:

(1)砂浆使用时的温度不应低于 5℃;砌筑砂浆强度应按常温施工时提高一级。

(2)若掺氯盐砂浆中掺微沫剂时,盐类溶液和微沫剂溶液必须在拌和中先后加入。

(3)凡采用掺氯盐砂浆时,砌体中配置的钢筋应做防腐处理。

(4)对于发电厂、变电所等工程,装饰要求较高的工程,湿度大于60%的工程,经常受高温(40℃以上)影响的工程,经常处于水位变化的工程等,不可采用此法,因为砂浆中掺入氯盐类抗冻剂会增加砌体的析盐现象,使砌体表面泛白,增加砌体吸湿性,对钢筋、预埋螺栓有腐蚀作用。配筋砌体如用氯盐作抗冻剂,还须掺入亚硝酸钠作为抗冻砂浆的外加剂,或采用碳酸钾、亚硝酸钠或硫酸钠加亚硝酸钠作为抗冻剂。

### 三、冬期施工的其他方法

冬期的砌筑施工除了上述一种主要施工方法外,还有蓄热法、快硬砂浆法、暖棚法等。

## 1.蓄热法

一般适用于北方初冬、南方的冬期夜间结冻,白天解冻,正负温度变化不大的地区。利用这个规律,将砂浆加热,白天砌筑每天完工后用草帘将砌体覆盖,使砂浆的热量不易散失,保持一定温度,使砂浆在未受冻前获得所需强度。

## 2.快硬砂浆法

就是砂浆水泥采用快硬硅酸盐水泥,一般可采用配合比为 1∶3 的快硬砂浆,并掺加 5%(占拌和水重)的氯化钠。该方法适用于荷载较大的单独结构,如砖柱和窗间墙,快硬砂浆所用材料及拌和水的加热不应超过 40℃,砂浆搅拌出罐温度不宜超过 30℃,由于快硬砂浆硬化和凝固时间很快,因此必须在 10～15min 内用完。快硬砂浆可以在 -10℃ 左右继续硬化和增长强度。

## 3.暖棚法、蒸汽法和电热法

这几种方法一般用于个别荷载很大的结构,急需要使局部砌体具有一定的强度和稳定性以及在修缮中局部砌体需要立即恢复使用时,方可以考虑其中的一种方法,这些方法费用较大,一般不宜采用。

冬期施工中采用哪一种施工方法较好,要根据当地的气温变化情况和工程的具体情况而定,一般以采用掺盐砂浆法或蓄热法为宜。

采用暖棚法施工时,对暖棚内砌体不同温度的最少养护时间的规定(见表 12-3),是根据砂浆强度和养护温度时间的关系确定的。砂浆强度达到设计强度的 30%,即达到砂浆允许受冻临界强度值后,待拆除暖棚后遇到低于 0℃ 的气温也不会引起强度损失。

表 12-3　　　　　　　　　　暖棚法施工时的砌体养护时间

| 暖棚内温度/℃ | 5 | 10 | 15 | 20 |
|---|---|---|---|---|
| 养护时间/d | ≥6 | ≥5 | ≥4 | ≥3 |

# 第二节　雨期及高温、台风条件下的施工

## 一、雨期施工

雨期来临,对砌筑工艺来讲客观上增加了材料的水分。雨水不仅使砖的含水率增大,而且使砂浆稠度值增加并易产生离析现象。用多水的材料进行砌筑,会发生砌体中的块体滑移,甚至引起墙身倾倒;也会由于饱和的水使砖和砂浆的黏结力减弱,影响墙的整体性。因此在雨期施工,应作如下防范措施:

(1)雨期施工要用的砖或砌块,应堆放在地势高的地点,并在材料面上平铺二、三皮砖作为防雨层,有条件的可覆盖芦席、苫面等,以减少雨水的大量浸入。

(2)砂子应堆在地势高处,周围易于排水。宜用中粗砂拌制砂浆,稠度值要小些,以适合多雨天气的砌筑。

(3)适当减少水平灰缝的厚度,皮数杆划灰缝厚度时,以控制在8～9mm 为宜,减薄灰缝厚度可以减小砌体总的压缩下沉量。

(4)运输砂浆时要防雨,必要时可以在车上临时加盖防雨材料,砂浆要随拌随用,避免大量堆积。

(5)收工时应在墙面上盖一层干砖,防止突然的大雨把刚砌好的砌体中的砂浆冲掉。

(6)每天砌筑高度也应加以控制,一般要求不超过 2m。

(7)雨期施工时,应对脚手架经常检查,防止下沉,对道路采取防滑措施,确保安全生产。

## 二、高温期间和台风季节施工

沿海一带夏季比较炎热,蒸发量大,气候相对干燥,与多雨期间正好相反,即容易使各种材料干燥而缺水,过于干燥对砌体质量亦为不利。加上该时期多台风,因此在砌筑中应注意以下几方面,以保证砌筑质量。

(1)砖在使用前应提前浇水,浇水的程度以把砖断开观察,其周边的水渍痕应达 20mm 为宜,砂浆的稠度值可以适当增大些,铺灰时铺灰面不要摊得太大,太大会使砂浆中水分蒸发过快,因为温度高、蒸发量

大,砂浆易变硬,以致无法使用造成浪费。

(2)在特别干燥炎热的时候,每天砌完墙后,可以在砂浆已初步凝固的条件下,往砌好的墙上适当浇水,使墙面湿润,有利于砂浆强度的增长,对砌体质量也有好处。

(3)在台风时期对砌体不利的是在砌体尚不稳定的情况下经受强劲的风力。

因此,在砌筑施工时要注意以下几个方面:一是控制墙体的砌筑高度,以减少悬壁状态的受风面积;二是在砌筑中最好四周墙同时砌,以保证砌体的整体性和稳定性。控制砌筑高度以每天一步架为宜。因砂浆的凝固需要一定时间,砌得过高会因台风的风力引起砌体发生变形。再者,为了保证砌体的稳定性,脚手架不要依附在墙上;不要砌单堵无联系的墙体、无横向支撑的独立山墙、窗间墙、高的独立柱子等,如一定要砌,应在砌好后加适当的支撑,如木杆、木板等进行加强,以抵抗风力的破坏。

砌筑中砌体遇大风时,允许砌筑的自由高度可参考表12-4,供读者参考。

表 12-4　　　　　　　　墙和柱的允许自由高度　　　　　　　　(单位:m)

| 墙(柱)厚/mm | 砌体容重＞1600kg/m³(石墙、实心砖墙等) | | | 砌体容重 1300～1600kg/m³(空心砖墙、空斗墙、砌块墙等) | | |
|---|---|---|---|---|---|---|
| | 风荷载/(kN/m²) | | | 风荷载/(kN/m²) | | |
| | 0.3(约7级风) | 0.4(约8级风) | 0.5(约9级风) | 0.3(约7级风) | 0.4(约8级风) | 0.5(约9级风) |
| 190 | — | | | 1.4 | 1.1 | 0.7 |
| 240 | 2.8 | 2.1 | 1.4 | 2.2 | 1.7 | 1.1 |
| 370 | 5.2 | 3.9 | 2.6 | 4.2 | 3.2 | 2.1 |
| 490 | 8.6 | 6.5 | 4.3 | 7.0 | 5.2 | 3.5 |
| 620 | 14.0 | 10.5 | 7.0 | 11.4 | 8.6 | 5.7 |

注:1.本表适用于施工处相对标高($H$)在 10m 范围内的情况。如 10m＜$H$≤15m,15m＜$H$≤20m 时,表内值分别乘以 0.9、0.8 系数;如 $H$＞20m 时,应通过抗倾覆验算确定其高度;
2.所砌墙有横墙或与其他结构联结,且间距小于表列限值的 2 倍时,其高度可不受本表限制。

以上所介绍的各种季节施工要求,属于常用的方法,在实际工作中应根据具体施工的地区、具体的施工条件,灵活地制订砌筑施工措施。

# 附录  砌筑工职业技能考核模拟试题

**一、填空题(10题,20%)**

1.砖砌体水平灰缝和立缝最小不得小于 8mm,最大不得大于 12mm,以　10mm　为宜。

2.抗震设防地区,在墙体内放置拉结筋一般要求沿墙高每 　500mm　设置一道。

3.生石灰熟化成石灰膏时,应用网过滤并使其充分熟化,熟化时间不得少于　7　天。

4.一般高 2m 以下的门口每边放　3　块木砖。

5.清水墙面勾缝若勾深平缝一般凹进墙面　3~5mm　。

6.砌体相邻工作段的高度差,不得超过一个楼层的高度,也不宜大于 　4　m。

7.为保证冬季施工正常进行,可采用掺外加剂砂浆法及　暖棚 法　。

8.连续　5　天内平均气温低于 5℃时,砖石工程就要按冬季施工执行。

9.设置钢筋混凝土构造柱的墙体,砖的强度等级不宜低于　MU7.5　。

10.铺砌地面砖时,砂浆配合比　1:2.5　是体积比。

**二、判断题(10题,10%)**

1.间隔式基础大放脚每两皮砖放出 1/4 砖与每皮放出 1/4 砖相间隔。　　　　　　　　　　　　　　　　　　　　　　　　　　(√)

2.砖过梁上与过梁成 60°角的三角范围内不可以设置脚手眼。

(√)

3.空斗墙及空心砖墙在门窗洞口两侧 50cm 范围内要砌成实心墙。

(×)

4.在冬季施工中,砂浆被冻,可加入 80℃的热水重新搅拌后再使用。　　　　　　　　　　　　　　　　　　　　　　　　　　　(×)

5. 铺砌地面用干硬性砂浆的现场鉴定,以手握成团落地开花为准。
（√）

6. 砌筑用砌浆同品种、同强度等级砂浆试块,各组试块的平均强度不得小于设计强度的 75%。
（×）

7. 毛石墙的厚度及毛石柱截面较小边长不宜小于 350mm。（×）

8. 钢筋砖过梁和跨度大于 1.2m 的砖砌平拱等结构,外挑长度大于 18cm 的挑檐,在冬季施工时不能采用冻结法施工。
（√）

9. 砂浆强度等级的检定是用 7.07cm×7.07cm×7.07cm 的立方体试块在同条件下养护 28 天后。经过压力试验检验测定的。
（×）

10. 基础砌砖前检查发现高低偏差较大应用 C10 细石混凝土找平。
（√）

## 三、选择题(20 题,40%)

1. 普通烧结砖一等品的长度误差不得超过 __C__ 。

A. ±2mm       B. ±4mm       C. ±5mm       D. ±7mm

2. 在同一皮砖层内一块顺砖一块丁砖间隔砌筑的砌法是 __B__ 。

A. 满丁满条砌法　　　　　B. 梅花丁砌法

C. 三顺一丁砌法　　　　　D. 顺砌法

3. 钢筋砖过梁的钢筋两端伸入砖体内不小于 __D__ 。

A. 60mm       B. 120mm       C. 180mm       D. 240mm

4. 砌体砂浆必须密实饱满,实心砖砌体水平灰缝的砂浆饱满度不少于 __C__ 。

A. 70%       B. 75%       C. 80%       D. 85%

5. 基础埋入地下经常受潮,而砖的抗冻性差,所以砖基础的材料一般用 __A__ 。

A. MU10 砖,M5 水泥砂浆　　　　B. MU10 砖,M5 混合砂浆

C. MU7.5 砖,M5 水泥砂浆　　　　D. MU7.5 砖,M5 混合砂浆

6. 砌体接槎处灰缝密实,砖缝平直。每处接槎部位水平灰缝厚度小于 5mm 或透亮的缺陷不超过 __C__ 个的为合格。

A. 5       B. 6       C. 10       D. 15

7. 清水墙面游丁走缝的允许偏差是 __C__ 。

　　A. 10mm　　　　B. 15mm　　　　C. 20mm　　　　D. 1/4 砖长

　　8. 常温下施工时,水泥混合砂浆必须在拌成后___C___小时内使用完毕。

　　A. 2　　　　　　B. 3　　　　　　C. 4　　　　　　D. 8

　　9. 在墙体上梁或梁垫下及其左右各___B___的范围内不允许置脚手眼。

　　A. 20cm　　　　B. 50cm　　　　C. 60cm　　　　D. 100cm

　　10. 构造柱断面一般不小于 180mm×240mm,主筋一般采用___C___以上的钢筋。

　　A. $4\phi6$　　　　B. $4\phi10$　　　　C. $4\phi12$　　　　D. $4\phi16$

　　11. ___B___不能达到较高强度,但和易性较好,使用操作起来方便,广泛地用于工程中。

　　A. 水泥砂浆　　　B. 混合砂浆　　　C. 石灰砂浆　　　D. 防水砂浆

　　12. 灰砂砖是用石灰和砂子加水加工成的,其成分为___C___。

　　A. 砂子 50%～60%,石灰 34%～50%

　　B. 砂子 70%～78%,石灰 22%～30%

　　C. 砂子 88%～90%,石灰 10%～12%

　　D. 砂子 80%～86%,石灰 14%～20%

　　13. M5 以上砂浆用砂,含泥量不得超过___B___。

　　A. 2%　　　　　B. 5%　　　　　C. 10%　　　　　D. 15%

　　14. 基础墙身偏移过大的原因是___A___。

　　A. 大放脚收台阶时两边收退不均匀

　　B. 砌大放脚时准线绷得时松时紧

　　C. 砌块尺寸误差过大

　　D. 砂浆稠度过大造成墙体滑动

　　15. 混水墙水平灰缝平直度为___C___mm。

　　A. 5　　　　　　B. 7　　　　　　C. 10　　　　　D. 20

　　16. 砖砌平碹一般适用于 1m 左右的门窗洞口,不得超过___B___m。

　　A. 1.5　　　　　B. 1.8　　　　　C. 2.1　　　　　D. 2.4

　　17. 加气混凝土砌块作为承重墙时,纵横墙的交接处及转角处均应咬槎砌筑,并应沿墙高每米在灰缝内配置 $2\phi6$ 钢筋,每边伸入墙内__B__。

A. 0. 5m     B. 1m     C. 1. 5m     D. 2m

18. 清水墙面表面平整度为__C__mm。

A. 3      B. 4      C. 5      D. 8

19. 盘角时,砖层上口高度一般比皮数杆标定的皮数低__C__。

A. 1~5mm       B. 5mm

C. 5~10mm      D. 10~15mm

20. 后塞口门窗洞口的允许偏差是__A__。

A. ±5mm    B. ±10mm    C. ±3mm    D. ±20mm

**四、问答题(5 题,30%)**

1. 怎样立皮数杆?

答:①皮数杆要立在墙的大角、内外墙交接处、楼梯间及洞口多的地方。②在砌筑前要检查皮数杆的±0. 000 与抄平木桩的±0. 000 是否钉的重合,门窗口上下标高是否一致。③检查所有应立皮数杆的部位是否都立了。检查无误后方可以挂线砌砖。

2. 什么叫排砖?

答:排砖就是按照基底尺寸线和已定的组砌方式,不用砂浆,把砖在一段长度内整个干摆一层,排砖时要考虑竖直灰缝的宽度,要求出墙摆成丁砖,檐墙摆成顺砖。

3. 某一混合砂浆的配合比为 1:0. 8:7. 5(质量比)。每罐需用水泥100kg。问每罐应用石灰膏、砂子各多少?

解:已知每罐用水泥 100kg,则

①每罐应用石灰膏为

100×0. 8≈80(kg)

②每罐应用砂子为

100×7. 5≈750(kg)

答:每罐需用石灰膏 80kg,砂子 750kg。

4. 弧形墙砌筑时应掌握哪些要点?

答:①根据施工图注明的角度与弧度放出局部实样,按实墙作出弧形套板。②根据弧形墙身墨线摆砖,压弧段内试砌并检查错缝。③立缝最小不小于7mm,最大不大于12mm。④在弧度较大处采用丁砌法,在弧度较小处采用丁顺交错砌法。⑤在弧度急转的地方,加工异形砖、弧形砌块。⑥每砌 3～5 皮砖用弧形样板沿弧形墙全面检查一次。⑦固定几个固定点用托线板检查垂直度。

5.简述清水墙的弹线、开补方法。

答:先将墙面清理冲刷干净,再用与砖墙同样颜色的青煤或研红刷色,然后弹线。弹线时要先拉通线检查水平缝的高低,用粉线袋根据实际确定的灰缝大小弹出水平灰缝的双线,再用线锤从上向下检查立缝的左右,根据水平灰缝的宽度弹出垂直灰缝的双线。开补时灰缝偏差较大用扁凿开凿两边凿出一条假砖缝,偏差较小的可以一面开凿。砖墙面有缺角裂缝或凹缝较大的要嵌补。开补一般先开补水平缝,再开补垂直缝。然后可进行墙面勾缝。

# 参 考 文 献

[1] 中华人民共和国住房和城乡建设部.混凝土小型空心砌块建筑技术规程(JGJ／T 14—2011)[S].北京:中国建筑工业出版社,2011.

[2] 中华人民共和国住房和城乡建设部,中华人民共和国国家质量监督检验检疫总局.砌体结构工程施工质量验收规范(GB 50203—2011)[S].北京:光明日报出版社,2011.

[3] 中华人民共和国住房和城乡建设部,中华人民共和国国家质量监督检验检疫总局.砌体结构工程施工规范(GB 50924—2014)[S].北京:中国建筑工业出版社,2014.

[4] 中华人民共和国住房和城乡建设部,中华人民共和国国家质量监督检验检疫总局.建筑施工安全技术统一规范(GB 50870—2013)[S].北京:中国建筑工业出版社,2014.

[5] 建设部干部学院.砌筑工[M].武汉:华中科技大学出版社,2009.

[6] 建筑工人职业技能培训教材编委会.砌筑工[M].2 版.北京:中国建筑工业出版社,2015.

[7] 住房和城乡建设部人事司.钢筋工[M].2 版.北京:中国建筑工业出版社,2011.